国家自然科学基金面上项目（52174154）资助

煤矸分拣 Delta 并联机器人
关键技术研究

商德勇　著

中国矿业大学出版社
·徐州·

内 容 简 介

本书是在国家自然科学基金课题研究的基础上进一步完善而成的。书中在介绍煤矸分拣 Delta 并联机器人工作原理的基础上,针对煤矸分拣速度高、变负载等特殊工况,重点对机器人误差建模与分析、煤矸图像识别、模糊自适应控制等关键技术进行了研究。本书理论与实际紧密结合,是 Delta 并联机器人在煤矸分拣领域的初次应用和探索。

本书可供从事煤矸分拣工作和 Delta 并联机器人设计、制造、使用、管理等技术研究及应用的研发人员及工程技术人员参考,同时也可作为相关专业本科生、研究生开展科研工作的参考用书。

图书在版编目(C I P)数据

煤矸分拣 Delta 并联机器人关键技术研究/商德勇著
. 一徐州:中国矿业大学出版社,2023.4
    ISBN 978 - 7 - 5646 - 5805 - 2

    Ⅰ.①煤… Ⅱ.①商… Ⅲ.①煤矸石一分拣机一工业
机器人一研究 Ⅳ.①TP242.2

    中国国家版本馆 CIP 数据核字(2023)第 079242 号

书 名	煤矸分拣 Delta 并联机器人关键技术研究
著 者	商德勇
责任编辑	何 戈
出版发行	中国矿业大学出版社有限责任公司
	(江苏省徐州市解放南路 邮编221008)
营销热线	(0516)83884103 83885105
出版服务	(0516)83995789 83884920
网 址	http://www.cumt.com E-mail:cumtpvip@cumtp.com
印 刷	徐州中矿大印发科技有限公司
开 本	787 mm×1092 mm 1/16 印张 11.5 字数 218 千字
版次印次	2023 年 4 月第 1 版 2023 年 4 月第 1 次印刷
定 价	45.00 元

(图书出现印装质量问题,本社负责调换)

前　言

推进煤炭安全智能绿色开发利用，努力建设集约、安全、高效、清洁的煤炭工业体系，是我国在"双碳"目标背景下促进煤炭工业高质量发展的主要任务。选煤是利用煤与矸石的不同性质，将原煤中的矸石及杂质去除的一种工艺，是实现煤炭清洁利用和"双碳"目标的有效途径。目前国内煤矿主要选煤工艺有人工手选、湿法分选和干选。人工手选劳动强度大，效率低。湿法分选如重介分选、跳汰分选等，技术成熟，处理能力大，占据主导地位，但要消耗大量的水资源且能耗高等，环保压力较大。干法选煤主要是利用煤与矸石的密度、形状、导磁性等物理性质差异进行分选，主要方法有风选、磁选、电选、X射线选、空气重介质流化床选等，但X射线类智能干选存在噪声大、粉尘浓度高等缺陷。随着国家对生态环保和绿色安全开采的要求提高，研究探索先进可靠、高效智能、经济实用的煤矸分选技术将成为未来绿色洗选的重点发展方向。

用机器人代替工人手动选矸进行煤矸初选作业，不仅可以避免工人在煤矸分拣时受到粉尘、噪声等职业伤害，还可以降低成本，提高分选效率和吨煤的经济效益。

Delta并联机器人结构刚度大、自重负载比小、响应迅速且容易实现高速运动，在食品饮料、包装和搬运等行业具有巨大的应用前景。作者及课题组在国家自然科学基金等的支持下，对Delta并联机器人在煤矸分拣领域开展了应用基础理论研究和探索，并进行了试验样机的研制。相对于其他应用场景的 Delta 并联机器人,基于视觉的煤矸分拣机器人应用环境相对恶劣,负载变化较大,外界干扰因素多,在高速运动下影响了机械臂末端的定位和定姿,使得相关的建模、规划及控制等与其他应用场景的机器人相比有较大的不同。本书主要针对煤矸分拣机器人的误差分析与控制、煤矸图像识别、模糊自适应控制等关键技术问题进行研究,对关键的路径规划和控制算法进行仿真分析和实验验证。经过多年不懈的努力,笔者所带领的课题组开展了大量相关的研究,取得了一系列的研究成果。本书旨在对前期研究成果进行系统的总结,同时,对未来需要进一步深入研究的关键技术进行了阐述。书中涉及的相关内容大多发表在学位论文和相关期刊中,并已实际用于试验样机项目上,具有较强的创新性和实用价值。

全书共分为 10 章。第 1 章主要总结了目前煤矸分选的主要工艺及方法,介绍了 Delta 并联机器人技术及其应用。第 2 章根据实际需求提出了基于视觉的 Delta 并联机器人煤矸分拣系统的设计方案,开展了系统的总体方案设计和选型。第 3 章利用 D-H 矩阵变换法完成了机器人运动学分析和运动误差建模。第 4 章根据所建模型对各误差源进行运动精度的灵敏度分析,并利用 MATLAB 软件仿真分析了各误差源在不同方向上对运动精度的影响程度。第 5 章考虑了 Delta 并联机器人平行四边形从动臂机构的平行度误差和动平台与水平面的倾斜误差,为并联机构误差分析和补偿提供重要参考。第 6 章运用迭代补偿原理预测机器人在工作空间内任意点处的综合运动误差,实现了机器人误差补偿。第 7 章将图像识别技术应用到煤矸识别分类。第 8 章主要研究低照度或高粉尘浓度环境下煤与矸石图像在线识别技术。第 9 章提出了一种适用于分拣不同质量矸石的模糊自适应鲁棒控制算法。第 10 章完成了煤矸分拣系统软件设计,在实验室环境下进行了实验验证。

　　本书是在国家自然科学基金面上项目(52174154)研究基础上进一步完善而成的。本书的完成是集体智慧的结晶,中国矿业大学(北京)的范迅教授对本书的撰写给予了悉心指导,倾注了大量心血。课题组的研究生章林、李雨、杨志远、黄云山、黄欣怡、张天佑、吕志斌、潘崭等进行了大量的基础研究工作,在此一并表示感谢。感谢中国矿业大学(北京)的牛艳奇研究员和李占平副研究员对本书撰写工作的热情帮助和大力支持。另外,对本书所参考的所有文献的作者表示诚挚的谢意。

　　由于 Delta 并联机器人技术不断发展完善,应用不断普及,对其功能和性能的要求不断提高,很多新技术在不断地对相关的理论和方法产生影响,相关的理论和方法仍在发展和完善之中,加之水平有限,很多问题仍需进一步深入研究,书中难免有些不妥之处,敬请广大专家和读者批评指正。

著　者

2022 年 10 月

目　　录

1 绪 论

1.1 引言

根据 2022 年 6 月发布的《中国煤炭行业发展现状及趋势分析》,我国的煤炭资源占有量仅次于美国排名世界第二,而煤炭生产量一直稳居全球第一位。目前我国石油、天然气存储量相对匮乏,主要以海外进口为主,因此煤炭在我国能源结构中的占比仍居主体地位。煤炭在我国被誉为"工业粮食",广泛应用于发电、化工和民用商品领域,且占据着不可替代的位置。中国工程院院士曹湘洪强调,煤炭在中国现代化建设中仍然扮演着重要的角色,其在能源领域的主导地位在未来的几十年内依旧无法被撼动。然而,随着煤炭资源的过度开发,出现了煤炭资源大规模破坏和浪费现象,煤炭开采时伴随的其他产物未能得到合理的应用,造成了资源浪费,同时给矿区生态环境造成严重的破坏。2017 年,国土资源部、财政部以及环保部为了全面贯彻落实《中共中央 国务院关于加快推进生态文明建设的意见》,加快推进矿业转型,实现绿色发展,提出了矿山企业开发应当以资源保护、资源节约综合利用、统筹管理、提高资源利用效率、实现矿区可持续发展为首要任务。如今通过科技创新和绿色矿山管理机制实现人与自然相互协调发展的资源开采模式已经成为煤炭开采技术发展的必然趋势。

目前我国煤炭储量和产量较高,但由于技术和人为因素的影响,煤炭的入选比例一直维持较低水平,只有 25% 左右,造成了严重的资源浪费和环境污染问题。采煤机开采的原煤中会混有其他物质,其中煤矸石所占比例最高。煤矸石是煤炭开采过程中的伴生产物,其含碳量要低于煤,硬度相对较高,呈现灰白色。煤矸石是采煤过程中无法避免的产物,虽然矸石密度比煤的密度大很多,但其发热量却远远不及煤的发热量。煤矸石掺杂在煤中,不仅增加了运输成本,而且也会由于煤矸石燃烧带来环境污染,影响煤的品质。

选煤技术作为一种燃烧前的处理手段,可以对煤炭资源进行优化利用,提高企业效益,有效降低杂质在燃烧过程中产生的有害物质对环境造成的污染。随着我国采煤机械化程度的提高,煤炭开采逐步进入深度开采阶段,优质煤逐年减少,煤中矸石含量越来越高,从而大大增加了后期的生产加工难度。因此,研究有效的煤矸分拣方法已经成为提高煤炭质量和利用率的重要手段。现如今国内煤矸分拣的手段主要以人工排矸法、机械湿选法以及 γ 射线分选法等三种方式为主。经长期实践总结,以上三种分选方式也存在较多弊端:人工排矸由于极易受到人为因素的影响,长期的高负荷工作和恶劣的操作环境严重影响了工人操作的稳定性,无法保障煤矸分选的品质;机械湿选法由于对水的依赖性较大,严重浪费了水资源,不适用于我国富含煤炭资源的西部缺水地区;γ 射线是天然放射源,具有放射性,如不严格管理并做好防辐射措施,将会带来严重危险,这对于复杂的井下生产环境来说无疑增加了不小的风险和经济成本。

计算机视觉技术、模式识别技术以及微电子技术的快速发展和应用为煤矸分选提供了一条新的技术路线。高性价比的微处理器和摄像头有效结合构成高性能的视觉检测分选系统。利用视觉分选系统的无接触检测分选优势,能够在不影响正常生产的情况下完成分选工作。此外,采用视觉分选技术可以维持长时间高质量有效工作,能够保证高稳定性和较强的环境适应性。目前分选机器人发展迅猛,国外机器人公司像瑞典的 ABB、德国的 KUKA,以及日本的FANUC、YASKAWA、EPSON 等公司都推出了自己的智能分选机器人系统。我国分选机器人也处于奋起追赶的阶段,虽起步较晚,但经过近几年的发展,国产并联机器人应用水平日益提高,逐渐得到企业认可。沈阳新松生产的 Delta机器人代表了我国分选机器人的最高水平,该公司先后推出了不同型号的国产分选机器人,目前正广泛应用于食品、电子、包装等行业的分拣、搬运等。机器人国产化有效降低了国内厂家的使用成本。因此越来越多的企业将视觉分选技术与工业机器人技术有效结合,代替人工完成那些超负荷、重复性强且存在较大安全隐患的工作。

综上所述,煤和矸石的分选是选煤技术的核心部分,现有选煤方法存在严重的资源浪费和环境污染问题。本书以图像识别技术为核心,结合 Delta 机器人运动控制技术,深入研究一种基于视觉的 Delta 并联机器人煤矸分拣系统,实现干法自动选矸。利用图像采集技术将煤与矸石图像以数字信号形式输入图像处理模块,利用图像识别技术对煤与矸石进行识别分类,并将筛选得到的目标矸石位置信息通过网络通信传给机器人运动控制器,最后通过 Delta 并联机器人来完成矸石的跟踪和分拣工作。基于图像识别技术的煤矸自动分拣对选煤技术及煤炭行业实现绿色发展具有重要的意义。

1.2　煤矸分选的主要方法

煤矸分选是煤炭生产过程中非常重要的环节,相关分选技术也获得了快速且稳定的发展。目前投入使用的煤矸分选方式主要分为人工选矸和自动选矸。其中自动选矸技术按照其是否用水可进一步细分为干法选矸和湿法选矸。湿法选矸以水作为筛选中所需要的介质,是目前煤炭生产企业最为常用的煤矸分选方法,具有效率高、技术成熟等优点。目前常用的湿法选矸方法以跳汰法和重介质法为主。干法选矸技术相对于湿法选矸最大的优点就是节约了水资源,整个系统工艺相对简单,投资小且维护成本低,特别适用于我国高寒、缺水地区的中小型煤矿企业。随着干法选矸技术理论的不断完善,相关技术的应用与发展取得了较好的研究成果,目前常用的干法选矸方式包括射线选矸、激光选矸以及图像法选矸。

以下将分别介绍几种我国目前应用最为广泛的煤矸分选方法,即人工选矸、动筛跳汰选矸、射线选矸以及图像识别选矸。

1.2.1　人工选矸

采煤机开采出的原煤被运出井口后,需要先进行筛分,利用筛分机将大于100 mm 的煤和矸石选取出来,接下来再由工人在传送带上完成煤矸分选工作。图 1-1 所示是某煤矿人工选矸现场。

图 1-1　人工选矸现场

人工选矸目前仍然是我国煤矿企业实现煤矸分选的首选方法,然而这种传统的煤矸分选方法存在诸多弊端:

（1）选矸车间活动空间小，浮尘浓度大且空气流动性差，工人长期在此环境中工作极易引起呼吸系统疾病。而且分选车间机器工作噪声大，都属于高频率、高分贝的撞击金属的轰鸣声，使得操作工人长期饱受噪声污染，影响身心健康。

（2）选矸工人采用轮班制，长时间高负荷甚至上夜班，使得工人师傅极易产生疲劳，容易出现漏拣、错拣的现象，选矸的效率取决于工人的熟练程度。有时一些大的未及时搬运的煤矸石会卡住整个生产线造成事故。

（3）由于近些年煤炭效益大不如前，选矸工人的工资待遇低，且矿区大都处于较偏远的地方，经常出现招不到工人的现象。

（4）选煤车间光线较暗，地面湿滑，安全防范措施较差。

1.2.2 动筛跳汰选矸

动筛跳汰法具有排矸工艺简单、分选效率高、运营成本低、投资少、便于维护的优点，经过近几年的迅速发展，成为现阶段块煤排矸的主要方法之一，特别适用于含矸石较多的块煤排矸。如图 1-2 所示，筛板在液压或机械驱动下，在水介质中做上下运动，由于受到水的阻力作用，密度更大的矸石沉降速度快而进入底层，进而形成煤和矸石沉降在不同的层次上，达到分选效果。其分选效率高达 95%～98%。

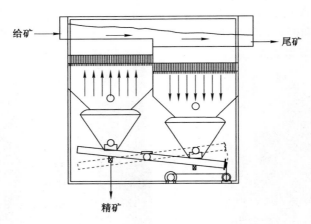

图 1-2　动筛跳汰机工作原理

动筛跳汰法适用范围广，我国绝大部分的煤质都可以采用动筛跳汰法进行分选。动筛跳汰法虽表现出较好的煤矸分选性能，但很难建立完善的分选理论模型，因此在实际煤矸分选中还需要通过反复的生产实践总结经验，才能得到良好的分层效果。国内的研究成果主要有张荣曾等建立的跳汰机床层松散与分层的流体学方程以及跳汰机脉动水流的非线性微分方程,王振翀等建立的基于马尔科夫链理论的跳汰分层数学模型和仿真研究。

1.2.3　射线选矸

目前应用最为广泛的两种射线选矸是 γ 射线选矸和 X 射线选矸,其原理都是根据煤与矸石对射线的吸收系数和衰减程度不同来完成煤矸分选工作。其工作原理如图 1-3 所示。中国矿业大学张宁波采用自然 γ 射线进行煤矸分选实验,确定了煤矸识别指标体系和临界值,为综放开采煤矸自动识别的现场应用奠定了理论基础。东北大学的袁华昕等采用辐射较小的 X 射线进行矸石分选研究,X 射线识别率相对于 γ 射线要低,特别是对于含矸量较大的煤,识别效率会显著降低。射线分选方法虽然能保证较高的识别率,但射线对人体危害很大,使用时必须添加防辐射装置,这会额外增加操作风险,提高维护成本。

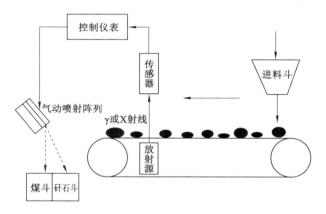

图 1-3　射线选矸原理

1.2.4　图像识别选矸

图像识别选矸属于干法选矸,目前国内外学者针对煤矸图像识别技术的研究取得的诸多研究成果,基本思想都是通过图像识别技术提取煤矸特征并采用模式识别方法对煤矸进行识别分类。常用的图像识别分选原理如图 1-4 所示,其主要工作流程是通过工业 CCD 摄像头采集煤矸图片进行数字图像处理,提取相应的煤矸特征向量,再利用分类识别算法对所得到的特征参数做分类识别,得到目标物体分类结果并通过分选机器人对识别到的矸石做相应分选处理。

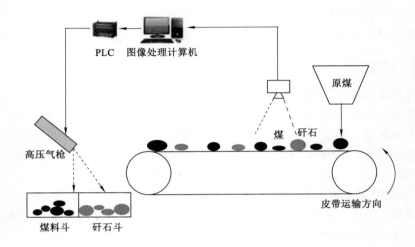

图 1-4　图像识别选矸

1.2.5　几种选矸方法比较

综上所述,人工选矸不仅生产效率低,而且恶劣的生产环境严重影响工人的身心健康,随着矿业智能化技术的不断发展,人工选矸也必将逐渐被淘汰;动筛跳汰和重介质等湿法选矸不适用于我国煤炭存储量较大的西部缺水地区;射线选矸虽能保证较高的识别率,但射线对人体危害很大,使用时必须增加防辐射装置,这样会额外增加操作风险和维护成本。通过对几种传统选矸方法比较可知,图像识别选矸具有节约用水、设备简单、成本低等优点,具有十分广阔的应用前景,因此本书基于图像识别的方法进行煤矸分选研究。

1.3　煤矸分选国内外研究现状

1.3.1　国外研究现状

国外煤矸分选技术研究起步较早,英国学者 Wade(韦德)于 20 世纪 90 年代在图像处理技术基础上利用 ARM 单片机和 CAN 总线技术建立煤矸分选系统方案,并取得较好的分选效果。随后,他又提出了利用小波变换的方法来对煤矸图像进行增强处理,改善边缘检测方法,提高分选效果。

Zheng 等首次提出实际井下工程环境中气动煤矸分选方案,煤矸分选采用图像处理技术,将分选得到的矸石通过高压气枪吹到对应的矸石通道中,建立了吹落物体运动轨迹与高压气枪的气压之间的映射关系,为井下煤矸分选系统提供了新思路。

Song 等提出了基于改进的神经网络算法的煤矸在线自动分选系统设计方法,重点介绍了 BP 神经网络在煤矸图像处理中的应用,并进行了相关接口设计,是一种新的煤矸视觉在线分选方法,具有较好的工程实践意义。

Reddy(雷迪)等首次采用颜色特征实现煤矸分选。通过在量化的彩色图像上提取矸石的颜色特征、纹理特征以及灰度特征进行特征融合完成识别分类工作,同时采用了不同的颜色、纹理特征提取方法实现煤矸石中的石灰石和铁矿石的区分,丰富了煤矸分选的应用范围。

Gao 等采用均值平滑滤波的方式,有效降低了煤中镜质体反光造成的灰度值特征不稳定的影响,提高了系统整体的识别率。该分选系统通过实验论证最终识别准确率达到 95% 以上。

1.3.2　国内研究现状

随着计算机视觉技术的快速发展,越来越多的国内相关学者和研究人员将图像处理技术应用于煤矸分选领域并取得了较好的成果,相关理论研究取得了很大的进步。中国矿业大学刘富强是国内较早在该领域展开研究的,主要方法是利用煤与矸石灰度特征的差异性来实现煤与矸石的自动分选。

2003 年,西安科技大学马宪民首次提出基于模式识别技术的在线矸石识别系统的构成,详细地介绍了矸石在线识别系统的各个组成部分,包括检测部分、识别与控制部分以及分选机构,以煤与矸石灰度方差和均值为特征向量,采用模式识别技术实现煤矸分类,取得了较好的分类效果。

2004 年,中国矿业大学宋金玲等对传统的矸石图像处理方法做了改进,采用灰度均值与灰度共生矩阵融合特征来代替之前的灰度直方图分布特征,使用该方法在光照良好的实验室条件下取得了不错的识别效果。

太原理工大学的谭春超同样也是在基于煤与矸石的灰度信息的基础上,采用特征融合的方式提取煤与矸石的灰度和纹理特征作为煤矸分选的特征向量,并利用支持向量机对煤矸样本图像进行训练和识别分类。为了提高识别率,他采用粒子群算法对影响支持向量机的两个重要参数进行优化,改善了系统的识别效率。

中北大学陈立利用小波变换法对采集到的煤与矸石图像进行降噪处理,并在所得到的小波矩阵基础上进行特征提取,实验证明在经过小波变换后煤矸图像的特征值差异相比原来有了较大的提高,再以此特征参数作为依据完成煤矸分选。同时他在去噪和图像分割及特征提取方面也做了较大的改进,为提高识别率夯实了基础。

上述研究都是基于灰度和纹理特征的图像识别方法,煤矸分选环境恶劣,在湿润的环境中,煤与矸石灰度值差异并不明显,因此单纯地依据灰度特征进行煤矸分选在实际应用中其识别率并不是很理想。

中国矿业大学(北京)张晨首次将单目线结构光三维测量技术应用到煤矸分选项目中。线结构光测量属于主动视觉测量范畴,煤或矸石表面纹理相似,难以找到匹配特征点,这样只能借助结构光提供约束信息。根据煤与矸石密度不同,用电子设备称重获取质量,并采用累计积分的方法求得煤矸样本体积,最后计算出密度。最终建立了煤矸的数学模型,给出最终的识别阈值和不同密度矸石的选取算法。该方法设计的系统相对复杂,在体积计算这块耗时很长,难以满足实际的实时分选的要求。

1.4　并联机器人概述

工业机器人是融合了多门学科知识、多种技术的具有很高自动化程度的工业生产设备,涉及的主要理论知识和技术包括机械机构学、电子信息工程、控制工程、计算机算法、智能传感器技术、新材料等。1959 年,世界上的第一台工业机器人在美国被生产了出来,自那以后,机器人技术不断得到发展,机器人种类也随之增多。不同的机器人具有不同的结构组成,一般来讲,按照结构组成形式的不同,工业机器人可以被分成两大类,分别为串联机器人和并联机器人。串联机器人主要是由底座、关节臂、多个关节、末端抓手串联连接组成,串联机器人的运动末端和机器人的底座之间没有形成闭合运动链,所形成的运动链只有一条。串联机器人的运动空间范围相对较大,且能够承受较大的负载,但它是由多个关节串联组成,运动链较长,各组成构件所产生的误差会不断累积,这种情况下会导致末端执行器的精度有所降低。并联机器人与串联机器人具有很大的不同,并联机器人的运动链一般有两条或者两条以上,且形成了闭合运动链。一般情况下,并联机器人的组成有静平台、动平台、驱动电机等,静、动平台之间是由运动链连接的。这类机器人具有较快的运动速度和很好的动力性能,但由于它的运动链相对较短且运动速度较快,因此,并联机器人的工作空间相对较小,所产生的冲击及运动惯性较大,不具有很大的负载能力。在各种类别的并联机器人中,最有代表性和典型特征的机器人是 1985 年瑞士洛桑联邦理工学院(EPFL)的 Clavel(克拉韦尔)博士发明的 Delta 型并联机器人。

Delta 并联机器人的出现是对串联机器人相关性能的一个补充,有效地弥补了串联机器人的缺陷和不足,进一步拓展了工业机器人的应用领域,推动了工业机器人向着高速、高精度的方向不断发展。自 Delta 并联机器人诞生以来,国外相关人员对这款并联机器人就展开了深入的研究,相关技术不断成熟,这款机器人得到了广泛的推广应用。在国内,由于长期未突破 Delta 并联机器人的相关关键技术,因此,这款机器人没有能够较早地进入中国市场,导致在中国发展的时间相对较晚。随着机器人应用范围的不断扩大,人们对并联机器人的精度要求也越来越高。衡量机器人产品性能的一项关键指标就是运动的精度,但在机器人的生产应用过程中,很难避免存在各种误差,机构的各参数误差会使机器人的末端输出产生一定的运动误差。因此,如何有效减小误差,控制机器人运动,提高机器人运动的精度,是目前工业机器人领域的一项关键技术问题。

20 世纪 60 年代,世界上第一台示教型工业机器人在美国 Unimation 公司成功地被推出,经过这几十年的发展,机器人被广泛地应用于各类行业,相应的机器人技术也得到了很大的发展。目前,对机器人领域的相关研究成了国内外广大科技工作者的热点研究方向,这极大地推动了机器人向着高速、高精度、高可靠性等方向迅猛发展。当前,瑞典、德国、日本等国家生产的机器人占据了大范围机器人市场,主要的企业有 ABB 公司、KUKA 公司、FUNAC 公司和安川电机公司等。并联机器人的组成结构形式很多,主要体现在结构分布和运动自由度方面具有一定差别。其中,常见的并联机器人有 Delta 并联机器人、三自由度机器人、六自由度 Stewart 并联机器人等。

1965 年,Stewart 率先提出了并联机构,他设计的这款机构所形成的运动链有六条,采用球铰和虎克铰将上、下两个平台连接在一起,并且组成的机构可以自由地伸缩。由于上、下两个平台的运动是独立的,所以整个机构即为六自由度并联机构。图 1-5 所示为这种机构的结构图,我们将其称为 Stewart 并联机构。

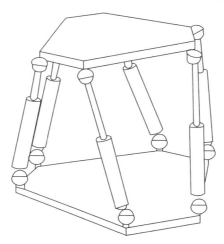

图 1-5 Stewart 并联机构

瑞士的 Clavel 博士在 1985 年发明了一种 Delta 并联机器人,其结构示意图如图 1-6 所示。在其工作空间内,这种机器人能够在可到达的运动范围内的三个方向进行平动,其结构组成形成了三条闭合的运动支链,三条支链均匀分布,相互间隔 120°分布。连接轴之间有虎克铰,采用这样的结构连接方式,能够使得机器人在工作范围内绕着某一个单一的方向转动,最终根据目标物体的位置,及时有效地定位和抓取。

图 1-6　三自由度 Delta 并联机构

在这款三自由度机器人的基础上,对其进一步扩充,以使机器人能够具有不同的自由度,将具有可伸缩性能的虎克铰安装在静平台和动平台之间,利用虎克铰的结构特性使得机器人末端的运动自由度增加了一个,从而将三自由度 Delta 并联机构改装成为四自由度的并联机构,将其称为 Delta-4 机构,如图 1-7 所示。

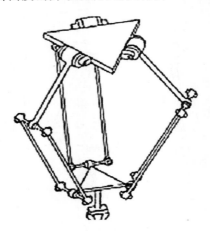

图 1-7　四自由度 Delta 并联机构

但由于 Delta-4 机器人是靠虎克铰连接形成转动和伸缩移动,会大大增加摩擦磨损,影响支链寿命。为此,在 Delta 机构的研究基础上,Pierrot(皮埃罗)等设计出了可以进行两个平台相对移动的机构,用来实现绕竖直轴线的转动,完成了机器人在工作空间内三个方向上的移动以及绕一轴线转动的目标。按照这种设计思想,他们还设计出了其他不同结构的机器人,如 H4 机器人,以及改进的 I4 机器人和 Par4 机器人等,如图 1-8～图 1-10 所示。

图 1-8　H4 机器人

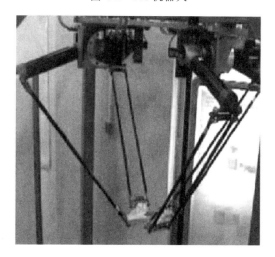

图 1-9　I4 机器人

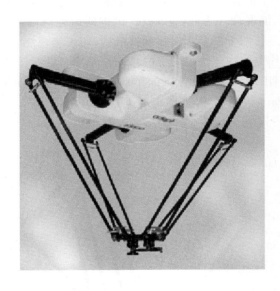

图 1-10　Par4 机器人

　　1987 年，瑞士 Demaurex 公司将 Delta 机构应用于食品包装行业。随后，IRB 系列的并联机器人在瑞士 ABB 公司被推出，这款机器人的运动速度和加速度都比较高，分别可以达到 10 m/s 和 100 m/s^2。2000 年以后，随着 Delta 并联机构的不断推广应用，世界的主要机器人公司都纷纷研制出了自己的机器人产品，如美国的 ADEPT 和瑞士的 SIG 等公司。日本的 FANUC 和 YASKAWA 等公司也不断地将自己的产品推向市场。它们各自的产品如图 1-11 所示。

　　在国内，一些高等院校和科研院所对 Delta 并联机器人领域展开的研究比较多。其中，燕山大学的黄真教授在并联机器人方面的研究具有很强的影响力，为许多科研人员对并联机器人展开相关研究提供了坚实的基础。目前，在国内，天津大学的黄田教授围绕着并联机器人理论进行了不断的深入研究。他的团队研制出了 2-Delta 机构，也被称为 Diamond 机械手，如图 1-12 所示，这主要是基于少自由度方向的基础理论。在这个研究的基础上，黄田教授又发明了 Delta-S 机构，如图 1-13 所示，这种机构将 Delta 并联机构的从动臂用轻质细杆加上张紧弹簧来替代，这种设计能够减小机构惯量和降低运动副间隙带来的影响。

　　近年来，国内对并联机器人的需求也日益增加，生产机器人的相关公司也得到了进一步的促进和发展。国内的机器人公司主要有沈阳新松机器人自动化股份有限公司、上海新时达机器人有限公司、南京埃斯顿自动化股份有限公司、辰

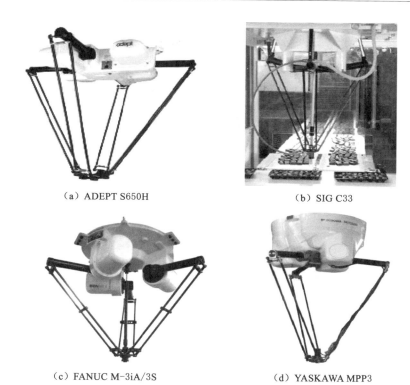

（a）ADEPT S650H　　　　　　　　　（b）SIG C33

（c）FANUC M-3iA/3S　　　　　　　（d）YASKAWA MPP3

图 1-11　国外主要并联机器人

图 1-12　Diamond 机械手

图 1-13　Delta-S 机构

星(天津)自动化设备有限公司等。这些公司生产的机器人种类涵盖移动机器人、焊接机器人、搬运机器人、装配机器人、分拣机器人、上下料机器人等。其中,辰星(天津)自动化设备有限公司以生产并联机器人为主,生产的并联机器人的类别主要有钻石、金刚、闪电系列,各种系列下的并联机器人的结构如图 1-14～图 1-16 所示。

图 1-14　钻石 D2-600 机器人

图 1-15　金刚 D3PM-1000 机器人

图 1-16　闪电 C2-800 机器人

经过国内科研工作者的不断努力,并联机器人在我国的发展取得了一定的成绩。但总体来说,国内公司生产的机器人与国外公司生产的机器人依然有较大的差距,在许多性能指标上都还达不到更高的使用要求,这需要更进一步的深入研究。性能指标上的欠缺主要由于没有全面深入地掌握机器人的基础理论,对机器人的外形结构还停留在简单地模仿。机器人的外形结构需要根据实际情况提出新的创意,进行相应创新,使机器人的结构较好地适应各种新的应用场合。此外,精度作为一项很重要的机器人产品性能的评价指标,但国内的一些机器人的运动精度还满足不了更高精度应用场合的需求。因此,对 Delta 并联机器人的误差及运动精度展开相关研究是并联机器人领域内重要而有意义的研究方向。

1.5　研究现状总结

目前国内外关于煤矸分选系统的技术重点主要集中于灰度信息的特征提取,实际煤矸分选工程环境下,矸石表面会不可避免地附着大量黑色煤尘,常用的雾化去煤尘环节也不能完全将煤尘去掉,当矸石表面烘干后仍会有少量煤尘块附着在上面,影响矸石灰度信息特征,导致实际识别效果不稳定。同时,现有的基于图像的煤矸分选系统较为单一,分拣手段以高压气枪吹送的方式为主。综上所述,传统的基于图像的煤矸分选系统具有以下特点:

（1）分选效率较低。目前已投入使用的煤矸分选系统流程是在经过图像识别之前将煤与矸石经过排队机构按照顺序经过图像采集区，再经过图像识别后，利用高压气枪将分选出的矸石击打到所对应的矸石通道。该分选系统具有成本高、设备灵活性较差的缺点，每一次图像采集后都只能对单个煤或矸石进行图像识别处理，使得系统分选效率并没得到显著提高。

（2）图像识别率不稳定。目前煤矸图像识别的主流算法是基于煤与矸石表面灰度特征差异得到的，实际操作环境下矸石由于长期和煤混合，其表面都沾有煤粉，直接影响矸石灰度特征的稳定性，因此难以直接通过提取表面灰度特征完成煤矸分选工作。

1.6　主要研究工作

为了解决煤矸分拣机器人系统存在的问题，本书将着重从以下几个方面展开研究工作：

（1）根据实际需求提出基于视觉的 Delta 并联机器人煤矸分拣系统的设计方案，介绍煤矸分拣系统视觉跟踪的原理，开展系统的总体方案设计，确定煤矸从识别到分拣的系统流程及重要硬件的选型。

（2）利用 D-H 矩阵变换法完成机器人运动学分析和运动误差建模。首先，根据并联机器人模型，绘制出机器人的支链运动简图，建立机构坐标系。然后，推算机器人末端输出与各机构参数之间的关系，得到末端执行器的运动学方程。通过对机器人进行逆运动学分析，得出机构参数的逆解方程。最后，得出运动学模型和误差模型。

（3）根据所建模型对各误差源进行运动精度的灵敏度分析，并利用 MAT-LAB 软件进行仿真分析，分析不同误差源在 x,y,z 三个方向上对运动精度的影响程度。

（4）考虑 Delta 并联机器人平行四边形从动臂机构的平行度误差和动平台与水平面的平行度误差，建立机器人的运动学模型，分析平行度误差对末端执行器的运动精度在不同方向上的影响程度，为并联机构误差分析和补偿提供重要参考。

（5）首先，运用迭代补偿原理，通过计算预测机器人在工作空间内任意点处的综合运动误差，将综合运动误差逆补偿到期望位置的理论坐标上，利用逆解方程得到修正后的驱动臂转角，以此来驱动机器人，实现机器人误差补偿。然后，通过仿真分析，验证误差补偿策略对提高运动精度的效果。最后，基于 Lab-VIEW 设计出 Delta 并联机器人运动误差补偿程序，直观地反映误差补偿前后机器人的控制情况和运动变化规律。

(6) 以图像识别技术为基础,采用基于 ROI 和背景差分的方式实现传送带背景下的煤矸图像分割,选取特征区域。提取矸石的灰度和纹理特征,针对"伪矸石"造成的灰度均值和标准值不稳定现象,提出基于灰度直方图均衡化的区域筛选阈值分割方法,可有效降低矸石表面煤粉对灰度特征的干扰,最后将改进的灰度特征与纹理特征融合成特征向量组,采用基于支持相量机(SVM)的模式识别方法进行样本训练和煤矸识别分类。

(7) 针对低照度或高粉尘浓度环境下煤与矸石图像识别易产生光晕反射、特征边缘不清、识别精确度低等问题,提出一种基于改进 Retinex 算法的自适应煤矸图像增强算法,即 H-GF-MSR 算法。该算法在 HSV 色彩空间进行处理,对亮度分量采用引导滤波进行多尺度 Retinex 算法,对饱和度分量进行自适应饱和度拉伸,同时对煤矸图像进行直方图均衡化处理,并对两种算法融合处理以提高煤矸识别精度。

(8) 针对如 PID 等普通控制算法不能很好地适应 Delta 并联机器人进行煤矸分拣的问题,提出一种适用于分拣不同质量矸石的模糊自适应鲁棒控制算法。依据实际矸石质量与名义矸石质量的不同定义动力学方程参数的估计误差,同时将关节摩擦和外部扰动也作为 Delta 并联机器人系统的不确定部分并建立多输入多输出的模糊系统。为了减少模糊规则数量和模糊计算量,将不确定部分分解为两项后再分别进行逼近。然后,设计模糊自适应鲁棒控制器,确定自适应率,并给出李雅普诺夫稳定性收敛分析。

(9) 在图像识别算法基础上采用 Halcon 和 C♯混合编程的方式完成煤矸分拣系统软件设计,采用模块化的编程方法,以提高算法利用率;改进传统视觉系统与机器人、传送带之间的标定方法,并在此改进算法基础上进行传送带标定实验。实验表明,采用改进的传送带标定方法能够提高系统的抓取精度。同时针对煤与矸石采集过程中出现的筛选和重复采集问题进行分析,提出筛选方法和去重复物体的评判算法机制,并对采集频率进行合理的设计,可有效提高整个分拣系统的处理效率。

2 煤矸机器人分拣系统设计

煤矸视觉分拣系统主要由图像采集、图像处理与识别、矸石目标跟踪以及 Delta 机器人分拣四个部分组成。本章提出了基于视觉的 Delta 并联机器人煤矸分拣系统的总体设计方案,并在此基础上进行了煤矸分拣系统视觉跟踪方案设计;论述了煤与矸石从识别到分拣的系统流程及每一个部分的构成和重要硬件的选型。

2.1 分拣系统整体方案设计

传统的基于图像识别的煤矸分拣方法主要采用高压气枪喷射撞击的方式,这种形式的分拣方式效率较低。随着现代机器人技术的快速发展,采用机器人搭配视觉系统的方式取代人工完成一些重复性较强的分拣工作已经逐渐成为一种趋势。Delta 并联机器人因其高速、承载能力强、累积误差小等优点,目前广泛应用于包装分拣、装配涂装、搬运码垛等工艺场合。本书采用 Delta 并联机器人搭配图像识别系统对传送带上散乱的煤与矸石进行识别与分拣工作。煤与矸石在传送带上属于二维平面上的物体识别,因此只需搭载一个摄像头并采用 Eye-to-Hand 的安装方式。同时本书利用编码器的位置反馈原理对识别到的矸石进行实时的跟踪。视觉分拣系统的总体结构如图 2-1 所示,CCD 工业相机安装在 Delta 并联机器人工作空间之外,相机采集图片并将图像信息传到煤矸图像识别软件中进行识别分析,若识别结果为矸石,则将矸石的位置信息通过 TCP 网络协议传输到 Kemotion 控制器的信息数据库中,机器人控制系统通过传输得到的矸石位置信息和反馈回来的编码器数值信息,完成对目标矸石的跟踪和抓取工作。当矸石被成功抓取后,Kemotion 控制器系统自动删除信息数据库中的相关矸石位置数据信息,系统又进入了下一个工作循环,其整个控制的系统框图如图 2-2 所示。

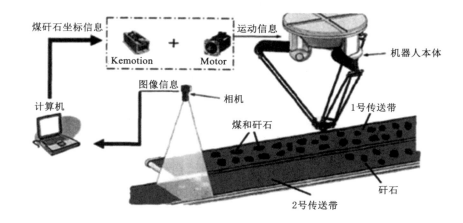

图 2-1 Delta 机器人煤矸分拣系统

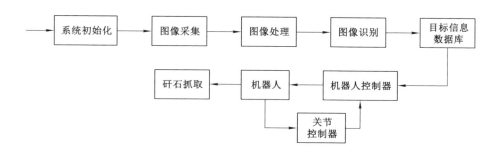

图 2-2 视觉分拣系统框图

2.2 煤矸分拣系统目标跟踪设计

煤矸分拣系统通过图像采集和图像识别得到目标矸石的抓取位置坐标 $P(x,y,z)$，将得到的矸石位置坐标以 TCP 网络通信传输到 KeMotion 控制器的信息数据库中，并触发一个锁存事件用于记录此时编码器反馈的位置信息。编码器实时反馈编码器数值用 V_{e1} 表示，锁存器中记录的初始编码器数值用 V_{e0} 表示。因此目标物体在传送带移动的距离为：

$$L = (V_{e1} - V_{e0})\text{Factor}_c \tag{2-1}$$

式中　Factor_c——传送带比例因子（传送带位移与编码器位置变换量比值）。

假设目标物体在传送带移动的方向为坐标点 x 轴正方向，则目标物体在传送带坐标系下的实时坐标为 $P'(x+L,y,z)$，若此时通过煤矸分拣系统综合标定得到传送带坐标系与机器坐标系的关系,则可将传送带坐标系下实时坐标点 P' 转换成机器人坐标系下的实时坐标,最后机器人控制系统根据反馈回来的传送带速度和实时位置信息对目标物体的抓取轨迹进行规划,完成对矸石的跟踪抓取工作。按照上述方案搭载的硬件平台如图 2-3 和图 2-4 所示。

图 2-3　Delta 并联机器人试验样机

图 2-4　煤矸分拣系统控制柜

2.3 分拣系统的硬件选型

系统硬件是维持系统高效、稳定性能的基础,根据上述系统的设计方案,本煤矸分拣系统的硬件主要由以下四个部分组成。

图像采集:CCD 工业相机、光源、镜头;

主控制器:工控机;

运动控制:Kemoton 运动控制器及其扩展模块;

伺服驱动:伺服电机及其驱动器。

2.3.1 图像采集设备硬件

随着微电子技术的迅猛发展,工业摄像机性能获得了极大的提升,越来越多的高分辨率、高帧率的 CCD 摄像机出现在市场上。图像采集的过程类似于人体观察物体的过程,通过摄像头获取目标的图像信息并转到所匹配的图像处理算法中进行分析,将分析得到的结果传给机器人控制系统中。因此,能否精确地得到最终的结果不仅与图形处理的算法有关,更与所采用的视觉采集系统的硬件设备性能有着十分重要的关系。因此,对于满足特定的工作要求,进行合适的硬件选型显得十分重要。

(1)光源选型

光源在机器视觉领域应用十分普遍,稳定的光源对于图像处理结果的稳定性有着十分重要的作用。良好的照明系统能够对视觉处理起到事半功倍的效果。实验数据表明,选取合适的光源和打光方式能够显著提升目标物体成像质量,提高识别物体与背景的对比度,降低图像分割的难度。常用的部分光源的性能如表 2-1 所示。

表 2-1 光源性能对比

光源	颜色	寿命/h	发光亮度	特点
卤素灯	白色、偏黄	5 000~7 000	很亮	发热多;较便宜;适应小范围强光照射
荧光灯	白色、偏绿	5 000~7 000	亮	较便宜;适应于大面积照明,且照明均匀
LED	红、黄、绿、白、蓝	60 000~1 000 000	较亮	发热少;形状多;响应快;照明均匀
光纤光源	可选	5 000~7 000	亮	高照度;角度可变;光强可调整
电致发光管	决定于发光频率	5 000~7 000	较亮	发热少

本书采用的煤矸分拣样本属于体积较大的物体,需要保证矸石与煤光照面大且均匀,因此本书选择性价比较高的荧光灯作为煤矸分拣系统的光源,光源的布置及打光方式如图 2-5 所示。

图 2-5　煤矸分拣光源区

（2）相机选型

分辨率和帧率是工业相机选型的两个非常重要的性能指标,通常情况下选择高分辨率的相机,帧率性能就会相对降低,因此在进行实际项目过程中可根据要求选择与之相匹配的相机参数。本系统需要对传送带上的煤与矸石的纹理特征进行分析,要分辨物体的细节特征,同时帧率选取较低时,相应的曝光时长则会延长,容易出现运动模糊现象。因此要选择分辨率和帧率都能满足实际工程要求的 CCD 相机。本系统视觉检测范围 500 mm×700 mm,检测精度 0.1 mm以下。基于以上分析选择 DALSA 的 Genie Nano M2590 NIR,其相关参数如表 2-2所示。

表 2-2　相机参数

项目	参数
相机型号	Genie Nano M2590 NIR
颜色	灰度相机

表 2-2(续)

项目	参数
芯片尺寸	2/3″(1″=2.54 cm)
像素	2 592×2 048
像素大小/μm	4.8
传感器	CCD
帧率/(f/s)	22.7
接口方式	C/CS

(3) 镜头选型

影响镜头分辨效果的主要参数有焦距、分辨率、视场角。为了避免相机分辨率的浪费,所选择镜头靶面尺寸及分辨率要大于等于相机的靶面尺寸及分辨率。实际从成本角度来说,所选的镜头分辨率也不会太高,以免造成不必要的浪费。相机的焦距可根据如下公式确定:

$$f = w\frac{D}{W} \tag{2-2}$$

所需视角为:

$$\theta = 2\arctan w/2D \tag{2-3}$$

式中　D——物距;

　　　w——CCD 芯片长度;

　　　W——视场长度。

令 $D=800$ mm,$w=6.4$ mm,$W=700$ mm,代入式(2-2)、式(2-3)中可得:

$$f = 8 \text{ mm}$$
$$\theta = 10.92°$$

本书选用 Computar M1614-MP 型号镜头,其具体参数见表 2-3。

表 2-3　相机镜头参数

项目	参数
镜头型号	Computar M1614-MP
焦距	8 mm
靶面尺寸	2/3″
最大成像尺寸	8.8 mm×6.6 mm
光圈范围	F1.4～F16C
工作距离	0.2～∞
接口方式	C 接口

2.3.2 KeMotion 机器人控制器

本书所选用的分拣机器人控制系统是基于 KABA 公司生产的 KeMotion 机器人控制器。目前 Delta 并联机器人使用的是 KeMotion r5000 系列的 CP252/X CPU 模块,其上运行的是 VxWorks 实时操作系统。控制器中既包含了 RC 机器人控制系统,同时也增加了软 PLC 控制系统模块。两个模块实现内存共享,这样实现协同控制,RC 部分主要实现机器人运动控制,而软 PLC 只负责外部逻辑电路、电气控制以及实时的外部信号采样处理。因此可以利用该软 PLC 实现主控功能,完成对分拣系统的控制。分拣系统主要功能之一就是对图像识别得到的矸石进行跟踪和分拣工作。图 2-6 所示是一个基于 KeMotion 控制器的视觉跟踪分拣系统的硬件连接图。

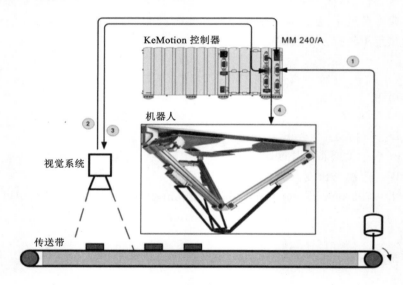

图 2-6　KeMotion 控制器接线图

(1) 增量编码器连接到 MM 240/A 模块的增量编码器输入端,以向控制器提供输送带的位置。

(2) MM 240/A 的锁存输入连接到视觉系统的数据输出。每一张图片,视觉系统都会产生这个输出,并在控制器上执行一个锁存中断事件。由于该锁存事件信息,控制器可以将视觉系统的位置信息与准确的编码器位置联系起来,并能预测目标的进一步位置。没有这个链接时,控制器将不知道在何处或何时抓取。

（3）与视觉系统的现场总线通信连接。

（4）控制器利用视觉系统和增量编码器提供的信息通过现场总线驱动机器人。

2.3.3 伺服电机及伺服驱动器

本系统采用的伺服电机是多摩川系列 TBL-iⅢ AC 伺服马达，相关参数如表 2-4 所示，该伺服电机具有以下几个优点：

（1）标配绝对值编码器，提高定位精度，低速轨迹应用。

（2）中惯量伺服马达，整定时间段，高响应性能表现。

（3）高速正反转加减速时间短，满足产业设备需求。

（4）扭矩大，过载能力强。

表 2-4　伺服电机参数

项目	参数
型号	TSM1308
额定转速/(r/min)	2 000
最大转速/(r/min)	3 000
额定功率/kW	2.0
额定扭矩/(N·m)	9.6
瞬时最大扭矩/(N·m)	28.8
转动惯量/(kg·m^2)	$9.6×10^{-4}$
额定电流/A	13.8
瞬时最大电流/A	40.0

伺服驱动器选取的是清能德创公司的 CoolDrive R4，其端口说明如图 2-7 所示，该款伺服驱动器是国内首款为工业机器人量身定制的一体化网络伺服驱动器，因此具有以下几个优点：

（1）多轴一体化设计，结构更紧凑，安装更方便。

（2）多种振动抑制算法，更适合机器人运动特性。

（3）内置多种前馈功能，大幅提高系统动态特性。

（4）高速工业以太网络，支持在线实时参数调整。

（5）集成 STO、SS1、SS2、SBC 等功能安全技术。

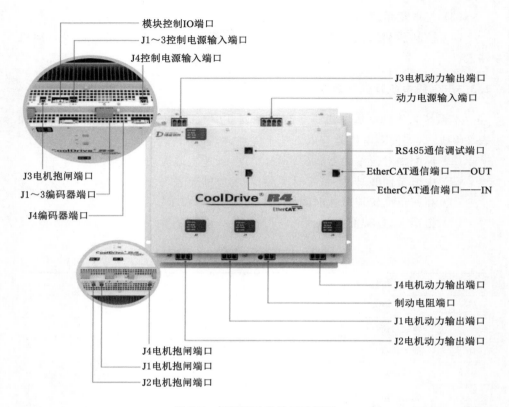

图 2-7　伺服驱动器端口功能图

2.4　本章小结

本章提出了基于视觉的 Delta 并联机器人分拣系统的整体方案设计,并根据设计方案搭建系统操作平台,该视觉分拣系统具有以下特点:

(1) 系统采用了 Delta 高速并联分拣机器人,该机器人具有分拣效率高、工作空间大、灵活性好等优点,相较于传统的高压气枪的分拣方式,采用本系统能有效提升煤矸分拣的效率。

(2) 系统基于图像识别技术,具有无接触识别分拣优势,能够在不影响正常生产的情况下完成煤矸识别分拣工作。

(3) 视觉分拣系统利用信息数据库的方式来构建视觉处理系统与机器人运动控制系统之间沟通的桥梁,这样的数据交流方式使得整个系统更加高效和流畅,为实现矸石的跟踪定位抓取提供了条件。

3 Delta 并联机器人运动学分析

为对 Delta 并联机器人进行运动误差分析和补偿研究,首先需要对机器人进行运动学分析,建立相应的运动数学模型。为此,在机器人运动学分析中,围绕机器人机构坐标系建立、运动模型建立和机器人雅克比矩阵分析等方面展开研究。

3.1 并联机器人描述及坐标系建立

Delta 并联机器人具有很多明显的优点,如移动速度快、响应灵敏、动态性能好等,这类机器人在航空航天、医疗器械、定位抓取等许多领域都有着很广泛的应用。Delta 并联机器人主要由静平台、动平台、驱动臂、从动臂、驱动电机、抓手或吸盘以及连接各构件的运动副构成。

Delta 并联机器人可视为三条均匀分布的运动支链,主动臂同静平台和从动臂相连接,从动臂由两对长度相同的杆件所构成的平行四边形组成,两对杆件通过球铰结构连接。假设从动臂能够一直保持平行四边形的结构状态,为了方便建模和分析,则可以用一个杆件来等效替代平行四边形从动机构。在伺服电机的驱动下,主动臂绕着静平台上下转动,与此同时,从动臂带动末端执行器运动。三条支链组合在一起形成闭环运动链时,机器人可以在其工作范围内的三个方向移动,由于机器人动平台的末端安装的抓手是通过一个电机单独驱动的,于是可以实现绕竖直方向进行转动。因此,本书所研究的这款机器人具有四个自由度。Delta 并联机器人的结构示意图如图 3-1 所示。

根据 Delta 并联机器人的结构组成及机构特点,Delta 并联机器人的三条组成支链为对称性结构,彼此之间呈 120° 分布。此处取其中一条运动支链,绘制的 Delta 并联机器人的支链运动简图如图 3-2 所示。

将机器人的全局坐标系建在机器人的静平台中心点 O 处,OA_i 方向作为坐标系的 X 轴方向,垂直于机器人平台的方向即竖直方向为坐标系的 Z 轴方向,竖直向上为 Z 轴正方向。

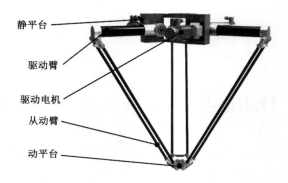

图 3-1　机器人结构示意图

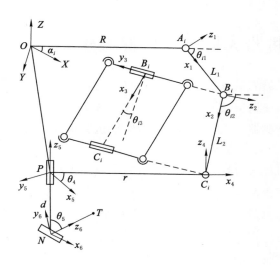

图 3-2　支链运动简图

机器人的静平台和动平台上均有三个转动副,转动副之间的位置按照相互间隔 120°布置,三个转动副恰好组成了一个等边三角形。机器人的静平台和动平台半径分别用两个平台上转动副构成的两个等边三角形的外接圆半径来描述。记静平台和动平台上的两个等边三角形外接圆半径分别为 R 和 r,则并联机器人的静平台和动平台半径分别为 R 和 r。并联机器人驱动臂 A_iB_i 的长度为 L_1,机器人的从动臂 B_iC_i(平行四边形机构)的长度为 L_2。并联机器人的末端执行器的中心点用 P 表示,N 为本地坐标系 $(x,y,z)_6$ 的原点,T 为工作端位置点。机器人的转台距离抓取点的高度 $PN=d$(PN 为并联机器人动平台的中心点 P 与本地坐标系的原点 N 之间的距离)。图中,α_i 为 OA_i 与全局坐标系 X

轴的夹角，α_i 同时也叫机器人的主动臂分布角。当对应支链 $i=1,2,3$ 时，主动臂分布角 α_i 的大小分别为 $0°$、$120°$、$240°$。并联机器人的输入角为 θ_{i1}、θ_4、θ_5，其中，θ_{i1} 为机器人的驱动臂转角。并联机器人的从动臂转角为 θ_{i2}、从动臂摆角为 θ_{i3}。θ_{i1}、θ_{i2} 和 θ_{i3} 分别在支链运动简图中进行了标注。

3.2　机器人运动学分析

机器人的运动学分析为机器人误差建模奠定了基础，当进行误差补偿、运动控制等方面研究时，这也是前提和基础。运动学分析包括两个方面：一是正运动学分析，二是逆运动学分析。机器人的正运动学分析描述的是如何得到末端运动情况的一个过程，是在已知各机构构件参数值的情况下，借用数学知识，通过一系列推导运算，最终获得了机器人末端运动情况的方程表达式，反映了机器人末端的运动轨迹同各结构参数之间的关系。机器人的逆运动学分析恰好是一个相反的逆向运算过程，它描述的是已知机器人末端运动情况，反解出各构件参数的大小。这就需要经过推导计算，得出对应的运动逆解方程，以此来求解机器人各构件的参数值大小。本章采用 D-H 矩阵变换法建立 Delta 并联机器人的运动学模型，完成其运动学分析。

3.2.1　正运动学分析

由机器人支链运动简图各个坐标系之间的关系，运用齐次变换法则，展开变换计算，可得到各坐标系之间的齐次变换矩阵，如表 3-1 所示。其中，$^{j-1}T_j(j=1,2,\cdots,6)$ 表示的是第 j 个坐标系相对于第 $j-1$ 个坐标系之间的变换矩阵。

表 3-1　本地坐标系之间的齐次变换矩阵

本地坐标系	变量 θ_i	齐次变换矩阵
$(x,y,z)_1$	θ_{i1}	$^0T_1 = \boldsymbol{R}(z,\alpha_i)\boldsymbol{M}(x,R)\boldsymbol{R}(y,-\theta_{i1})$
$(x,y,z)_2$	θ_{i2}	$^1T_2 = \boldsymbol{R}(x,L_1)\boldsymbol{M}(y,\theta_{i1})\boldsymbol{R}(y,-\theta_{i2})$
$(x,y,z)_3$	θ_{i3}	$^2T_3 = \boldsymbol{R}(z,\theta_{i3})$
$(x,y,z)_4$	无	$^3T_4 = \boldsymbol{M}(x,L_2)\boldsymbol{R}(z,-\theta_{i3})\boldsymbol{R}(y,\theta_{i2})$
$(x,y,z)_5$	θ_4	$^4T_5 = \boldsymbol{M}(x,-r)\boldsymbol{R}(z,-\alpha_i)\boldsymbol{R}(z,\theta_4)$
$(x,y,z)_6$	θ_5	$^5T_6 = \boldsymbol{M}(z,-d)\boldsymbol{R}(x,\theta_5)$

两个相邻坐标系之间的变换包括沿 x 轴、y 轴和 z 轴的移动以及绕 x 轴、y 轴和 z 轴的转动。记沿 x 轴、y 轴和 z 轴移动的距离为 d，绕 x 轴、y 轴和 z 轴转动的角度为 θ，根据坐标变换规律，则可分别得到平移矩阵和旋转矩阵的数学表达式。

沿 x 轴、y 轴和 z 轴移动距离 d 的平移矩阵分别可以表示如下：

$$\boldsymbol{M}(x,d) = \begin{bmatrix} 1 & 0 & 0 & d \\ 0 & 1 & 0 & 0 \\ 0 & 0 & 1 & 0 \\ 0 & 0 & 0 & 1 \end{bmatrix} \tag{3-1}$$

$$\boldsymbol{M}(y,d) = \begin{bmatrix} 1 & 0 & 0 & 0 \\ 0 & 1 & 0 & d \\ 0 & 0 & 1 & 0 \\ 0 & 0 & 0 & 1 \end{bmatrix} \tag{3-2}$$

$$\boldsymbol{M}(z,d) = \begin{bmatrix} 1 & 0 & 0 & 0 \\ 0 & 1 & 0 & 0 \\ 0 & 0 & 1 & d \\ 0 & 0 & 0 & 1 \end{bmatrix} \tag{3-3}$$

绕 x 轴、y 轴和 z 轴旋转角度 θ 的旋转矩阵分别可以表示如下：

$$\boldsymbol{R}(x,\theta) = \begin{bmatrix} 1 & 0 & 0 & 0 \\ 0 & \cos\theta & -\sin\theta & 0 \\ 0 & \sin\theta & \cos\theta & 0 \\ 0 & 0 & 0 & 1 \end{bmatrix} \tag{3-4}$$

$$\boldsymbol{R}(y,\theta) = \begin{bmatrix} \cos\theta & 0 & \sin\theta & 0 \\ 0 & 1 & 0 & 0 \\ -\sin\theta & 0 & \cos\theta & 0 \\ 0 & 0 & 0 & 1 \end{bmatrix} \tag{3-5}$$

$$\boldsymbol{R}(z,\theta) = \begin{bmatrix} \cos\theta & -\sin\theta & 0 & 0 \\ \sin\theta & \cos\theta & 0 & 0 \\ 0 & 0 & 1 & 0 \\ 0 & 0 & 0 & 1 \end{bmatrix} \tag{3-6}$$

按照上述各式的计算方法，代入相应的移动距离值和旋转角度值进行运算，然后经过整理，即可得到坐标系之间的变换矩阵 ${}^{0}\boldsymbol{T}_1$、${}^{1}\boldsymbol{T}_2$、${}^{2}\boldsymbol{T}_3$、${}^{3}\boldsymbol{T}_4$、${}^{4}\boldsymbol{T}_5$ 和 ${}^{5}\boldsymbol{T}_6$。

设坐标系 $(x,y,z)_6$ 相对于全局坐标系 $(X,Y,Z)_O$ 的齐次变换矩阵为 ${}^{0}\boldsymbol{T}_6$，则 ${}^{0}\boldsymbol{T}_6$ 即为机器人末端运动平台的中心点 P 的位姿矩阵，可以将这个矩阵用以下两种方式进行表达。

$$
\begin{aligned}
{}^{0}\boldsymbol{T}_{6} &= \prod_{j=1}^{6}{}^{j-1}\boldsymbol{T}_{i} \\
&= \begin{bmatrix} \cos\theta_4 & \sin\theta_5\sin\theta_4 & \cos\theta_5\sin\theta_4 \\ -\sin\theta_4 & \sin\theta_5\cos\theta_4 & \cos\theta_5\cos\theta_4 \\ 0 & \cos\theta_5 & -\sin\theta_5 \\ 0 & 0 & 0 \end{bmatrix}
\end{aligned}
$$

$$
\begin{matrix}
L_1\cos\alpha_i\cos\theta_{i1}+L_2(\cos\alpha_i\cos\theta_{i2}\cos\theta_{i3}-\sin\alpha_i\sin\theta_{i3})+(R-r)\cos\alpha_i \\
-L_1\sin\alpha_i\cos\theta_{i1}-L_2(\cos\alpha_i\sin\theta_{i3}+\sin\alpha_i\cos\theta_{i2}\cos\theta_{i3})+(r-R)\sin\alpha_i \\
-d-c\sin\theta_{i2}\cos\theta_{i3}-a\sin\theta_{i1} \\
1
\end{matrix}
$$

$$\text{(3-7)}$$

$$
{}^{0}\boldsymbol{T}_{6}=\begin{bmatrix} \cos\theta_z & \sin\theta_z\cos\theta_x & \sin\theta_z\cos\theta_x & x \\ -\sin\theta_z & \sin\theta_x\cos\theta_z & \cos\theta_x\cos\theta_z & y \\ 0 & \cos\theta_x & -\sin\theta_x & z \\ 0 & 0 & 0 & 1 \end{bmatrix} \tag{3-8}
$$

这里的 θ_x 和 θ_z 分别指的是机构绕机器人本地坐标系的 x 轴和 z 轴的旋转角度,由图可得,$\theta_x=\theta_5$,$\theta_z=\theta_4$。

对式(3-7)和式(3-8)做如下变换,$\boldsymbol{R}(z,\alpha_i)^{-1}\,{}^{0}\boldsymbol{T}_6\boldsymbol{R}(x,\theta_5)^{-1}\boldsymbol{M}(z,-d)^{-1}$ $\boldsymbol{R}(z,\theta_4)^{-1}\boldsymbol{R}(z,-\alpha_i)^{-1}$,于是可得:

$$
\boldsymbol{T}=\begin{bmatrix} 1 & 0 & 0 & x\cos\alpha_i-y\sin\alpha_i \\ 0 & 1 & 0 & x\sin\alpha_i+y\cos\alpha_i \\ 0 & 0 & 1 & d+z \\ 0 & 0 & 0 & 1 \end{bmatrix} \tag{3-9}
$$

$$
\boldsymbol{T}=\begin{bmatrix} 1 & 0 & 0 & R-r+L_2\cos\theta_{i2}\cos\theta_{i3}+L_1\cos\theta_{i1} \\ 0 & 1 & 0 & -L_2\sin\theta_{i3} \\ 0 & 0 & 1 & -L_2\sin\theta_{i2}\cos\theta_{i3}-L_2\sin\theta_{i1} \\ 0 & 0 & 0 & 1 \end{bmatrix} \tag{3-10}
$$

联立式(3-9)和式(3-10),则有:

$$
\begin{cases}
x=-L_2\sin\theta_{i3}\sin\alpha_i+R\cos\alpha_i-r\cos\alpha_i+ \\
\quad L_1\cos\theta_{i1}\cos\alpha_i+L_2\cos\theta_{i2}\cos\theta_{i3}\cos\alpha_i \\
y=-L_2\sin\theta_{i3}\cos\alpha_i-R\sin\alpha_i+r\sin\alpha_i- \\
\quad L_1\cos\theta_{i1}\sin\alpha_i-L_2\cos\theta_{i2}\cos\theta_{i3}\sin\alpha_i \\
z=-L_1\sin\theta_{i1}-L_2\sin\theta_{i2}\cos\theta_{i3}-d
\end{cases} \tag{3-11}
$$

公式(3-11)表达的是在理想情况(即没有输入参数误差的影响)下,机器人末端运动位置同各结构参数之间的关系。但实际情况下,由于各种因素的影响,会造成结构参数不是理想值,出现一些偏差,这将对机器人末端执行器的运动输出产生一定的影响。本书将对各误差源对并联机器人运动输出的影响展开分析研究。

3.2.2 逆运动学分析

在本小节中,对机器人进行的逆运动学分析研究,主要是求解并联机器人的关节转角大小。在机器人逆运动学求解过程中,是已知机器人运动平台中心点的位姿矩阵来求出机器人各关节的角度值,由于式中涉及驱动臂转角 θ_{i1}、从动臂转角 θ_{i2} 以及从动臂摆角 θ_{i3},可以通过三角函数变换的方式求出并联机器人的各角度值。

通过机器人的运动逆解方程求得 θ_{i1}、θ_{i2} 和 θ_{i3}。

令 $G_x = x\cos\alpha_i - y\sin\alpha_i$,$G_y = x\sin\alpha_i + y\cos\alpha_i$,$G_z = d + z$,可以得到 θ_{i1}、θ_{i2} 和 θ_{i3} 的表达式分别为:

$$\theta_{i1} = 2\arctan\left(\frac{-G_{i1} \pm \sqrt{G_{i1}^2 - 4G_{i2}G_{i0}}}{2G_{i2}}\right) \tag{3-12}$$

$$\theta_{i2} = 2\arctan\left(\frac{-Q_{i1} \pm \sqrt{Q_{i1}^2 - 4Q_{i2}Q_{i0}}}{2Q_{i2}}\right) \tag{3-13}$$

$$\theta_{i3} = \arcsin(-G_z/L_2) \tag{3-14}$$

在上述公式中:$G_{i2} = M^2 - N^2 - L_1^2 - G_y^2 - 2L_1N$,$G_{i1} = -4L_1G_y$,$G_{i0} = M^2 - N^2 - L_1^2 - G_y^2 + 2L_1N$,$Q_{i2} = M^2 + N^2 - L_1^2 + G_y^2 + 2MN$,$Q_{i1} = 4MG_y$,$Q_{i0} = M^2 + N^2 - L_1^2 + G_y^2 - 2MN$,$M = L_2\cos\theta_{i3}$,$N = G_x - R + r$。

根据上述表达式,代入相应参数,即可求得并联机器人的驱动臂转角 θ_{i1}、从动臂转角 θ_{i2} 以及从动臂摆角 θ_{i3} 的变化情况。下面给出一个具体的数值算例进行求解。

已知 Delta 并联机构的结构参数如下:$R = 125$ mm,$r = 50$ mm,$L_1 = 400$ mm,$L_2 = 950$ mm,主动臂的分布角为 $\alpha_1 = 0°$,$\alpha_2 = 120°$,$\alpha_3 = 240°$。给定机器人末端执行器中心点的运动规律为 $\begin{cases} x = 50\sin(120°t) \\ y = -50\cos(120°t) + 50, \\ z = -600 - 40t \end{cases}$ 运动时间为 3 s,通过逆解方程得到的驱动臂转角、从动臂转角及从动臂摆角随时间的变化曲线如图 3-3~图 3-5 所示。

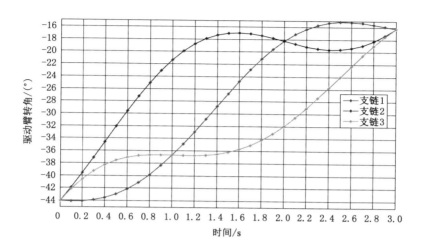

图 3-3　驱动臂转角随时间变化规律

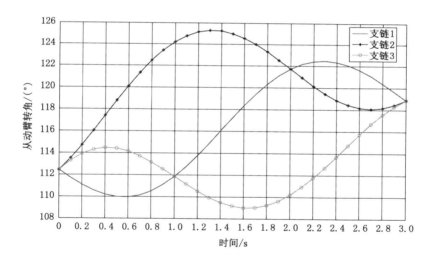

图 3-4　从动臂转角随时间变化规律

　　图 3-3～图 3-5 反映了驱动臂转角、从动臂转角以及从动臂摆角随时间的变化规律。在对并联机器人进行运动误差分析和误差补偿时,也将用到这些分析结果,这为后续研究奠定了一定基础。

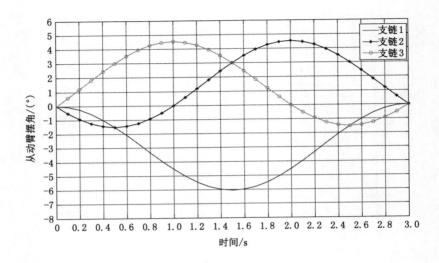

图 3-5　从动臂摆角随时间变化规律

3.3　机器人的雅克比矩阵

在机器人领域内,雅克比矩阵作为一个很有意义的矩阵,它描述了机器人输入同输出之间的传递过程,具体地说,反映了机器人的输入驱动角同末端运动输出之间的变换关系。因此,求解机器人的雅克比矩阵对并联机器人展开相关研究具有重要作用。

对于机器人的驱动臂转角,由于 $\theta_{11} = f_1(x,y,z)$、$\theta_{21} = f_2(x,y,z)$、$\theta_{31} = f_3(x,y,z)$。因此,对这些式子进行一阶泰勒展开,可以得到

$$\frac{\partial f_i}{\partial x}\Delta x + \frac{\partial f_i}{\partial y}\Delta y + \frac{\partial f_i}{\partial z}\Delta z + \frac{\partial f_i}{\partial \theta_{i1}}\Delta \theta_{i1} = 0, i = 1,2,3 \qquad (3-15)$$

等式两边同时除以时间 Δt,可以得到

$$\frac{\partial f_i}{\partial x}x' + \frac{\partial f_i}{\partial y}y' + \frac{\partial f_i}{\partial z}z' + \frac{\partial f_i}{\partial \theta_{i1}}\theta'_{i1} = 0 \qquad (3-16)$$

则

$$\frac{\partial f_i}{\partial x}x' + \frac{\partial f_i}{\partial y}y' + \frac{\partial f_i}{\partial z}z' = -\frac{\partial f_i}{\partial \theta_{i1}}\theta'_{i1} \qquad (3-17)$$

将上式两端展开并写成矩阵形式,则有

$$
\begin{bmatrix}
\dfrac{\partial f_1}{\partial x} & \dfrac{\partial f_1}{\partial y} & \dfrac{\partial f_1}{\partial z} \\[2mm]
\dfrac{\partial f_2}{\partial x} & \dfrac{\partial f_2}{\partial y} & \dfrac{\partial f_2}{\partial z} \\[2mm]
\dfrac{\partial f_3}{\partial x} & \dfrac{\partial f_3}{\partial y} & \dfrac{\partial f_3}{\partial z}
\end{bmatrix}
\begin{bmatrix} x' \\ y' \\ z' \end{bmatrix}
= -
\begin{bmatrix}
\dfrac{\partial f_1}{\partial \theta_{11}} & & \\[2mm]
& \dfrac{\partial f_2}{\partial \theta_{21}} & \\[2mm]
& & \dfrac{\partial f_3}{\partial \theta_{31}}
\end{bmatrix}
\begin{bmatrix} \theta_{11}' \\ \theta_{21}' \\ \theta_{31}' \end{bmatrix}
\tag{3-18}
$$

其中，$\begin{bmatrix} x' \\ y' \\ z' \end{bmatrix}$ 表示的是机器人平台末端的运动速度矢量，$\begin{bmatrix} \theta_{11}' \\ \theta_{21}' \\ \theta_{31}' \end{bmatrix}$ 表示的是机器人驱动臂转角的角速度矢量。

由雅克比矩阵的定义，设机器人运动末端的速度矢量为 $\boldsymbol{Y}'$，机器人驱动臂转角的角速度矢量为 $\boldsymbol{q}'$，则 $\boldsymbol{Y}' = \boldsymbol{J} \boldsymbol{q}'$，其中 $\boldsymbol{J}$ 即为雅克比矩阵。

设

$$
\boldsymbol{A} =
\begin{bmatrix}
\dfrac{\partial f_1}{\partial x} & \dfrac{\partial f_1}{\partial y} & \dfrac{\partial f_1}{\partial z} \\[2mm]
\dfrac{\partial f_2}{\partial x} & \dfrac{\partial f_2}{\partial y} & \dfrac{\partial f_2}{\partial z} \\[2mm]
\dfrac{\partial f_3}{\partial x} & \dfrac{\partial f_3}{\partial y} & \dfrac{\partial f_3}{\partial z}
\end{bmatrix},
\boldsymbol{B} = -
\begin{bmatrix}
\dfrac{\partial f_1}{\partial \theta_{11}} & & \\[2mm]
& \dfrac{\partial f_2}{\partial \theta_{21}} & \\[2mm]
& & \dfrac{\partial f_3}{\partial \theta_{31}}
\end{bmatrix}
\tag{3-19}
$$

则有

$$
\boldsymbol{A}
\begin{bmatrix} x' \\ y' \\ z' \end{bmatrix}
= \boldsymbol{B}
\begin{bmatrix} \theta_{11}' \\ \theta_{21}' \\ \theta_{31}' \end{bmatrix}
\tag{3-20}
$$

于是

$$
\begin{bmatrix} x' \\ y' \\ z' \end{bmatrix}
= \boldsymbol{A}^{-1} \boldsymbol{B}
\begin{bmatrix} \theta_{11}' \\ \theta_{21}' \\ \theta_{31}' \end{bmatrix}
\tag{3-21}
$$

所以，机器人的雅克比矩阵为 $\boldsymbol{J} = \boldsymbol{A}^{-1} \boldsymbol{B}$。其中

$$
\frac{\partial f_i}{\partial x} = x - L_1 \cos \alpha_i \cos \theta_{i1} - (R - r) \cos \alpha_i
\tag{3-22}
$$

$$
\frac{\partial f_i}{\partial y} = y + L_1 \sin \alpha_i \cos \theta_{i1} + (R - r) \sin \alpha_i
\tag{3-23}
$$

$$
\frac{\partial f_i}{\partial z} = z + L_1 \sin \theta_{i1}
\tag{3-24}
$$

由上述各式可知，机器人的雅克比矩阵与主动臂分布角以及机器人所处的

位置有关。雅克比矩阵分析为后续的机器人驱动转角误差分析提供了基础。此外，雅克比矩阵在机器人的动力学分析及控制领域也发挥着重要作用。

3.4 本章小结

本章进行了 Delta 并联机器人的运动学分析，建立了相应数学模型。首先，根据并联机器人的结构模型，介绍了机器人的组成、基本运动原理。接着，通过机构模型建立了支链运动简图，并建立了运动坐标系。随后，利用 D-H 矩阵变换法，分别得出机器人相邻坐标系之间的变换矩阵，推导出机器人末端运动中心点相对于原点的总齐次变换矩阵，得到了机器人的正运动学模型。然后，进行位置反解，求出机器人的逆解方程，推算出各角度的计算方程，得到了驱动臂转角、从动臂转角以及从动臂摆角随时间的变化规律。最后，求解出并联机器人的雅克比矩阵，为下一步机器人运动误差分析和误差补偿提供了基础。

4 静态运动误差建模及分析

运动精度是衡量并联机器人的重要指标,运动精度的高低与机构工作质量的优劣程度紧密相连,各误差因素对精度造成的影响是机器人领域的一个重要问题。在许多高精度的场合,需要对机器人进行误差补偿和标定,进行这项工作的第一步是完成运动误差规律分析。对机器人进行误差特性的分析和研究,是机器人领域重要的研究课题,对提高机器人运动精度具有重要意义。影响机器人运动精度的误差因素很多,但具体的影响特点有所不同。根据其对末端输出的影响特点,机器人的运动误差因素通常可以大致划分为三种,分别为静态误差、动态误差以及热变形误差。静态误差是指误差源的误差值基本不太受外界干扰,被视为一个定值,随机器人运动不发生变化或变化很小,主要包括加工制造尺寸误差、装配误差、驱动转角误差等。动态误差指的是误差参数值与机器人的运动位置和运行速度以及所处状态有关,包括弹性误差、振动误差等。热变形误差指的是机构构件产生的受热变形误差,这是由于机器人在高速运行过程中,工作环境较为封闭而不利于散热,导致环境温度升高,从而引起材料变形。这些误差的存在,使得机器人实际运动规律和期望的理想运动规律之间存在一定的偏差,将其定义为机器人末端的运动误差。

本书所研究的 Delta 并联机器人一般处于较为开放的工作环境,因此不考虑热变形误差造成的影响,主要考虑机构静态误差和动态误差的影响。

4.1 静态运动误差建模

根据 Delta 机器人的结构特点可知,机构的静态误差来源主要分为以下几类。

(1)尺寸误差:零件生产加工过程中,在一定加工精度范围内肯定存在公差,导致加工制造难免有误差,零件实际尺寸与设计尺寸存在一定的偏差。

(2)转动副间隙误差:转动副构件在生产制造以及机器人运行过程中,冲击振动和材料的摩擦磨损带来的误差。

(3)驱动误差:伺服电机在驱动转动臂运动时,转动臂的转角没有达到所需的角度。

（4）球铰副间隙误差：球铰连接在使得机器人运动灵活的同时，往往当机器人高速运行时，整个机构或构件会产生冲击振动、摩擦磨损，导致产生了间隙误差。

以下分别建立考虑上述四种误差因素时的并联机器人运动误差模型。

4.1.1 考虑尺寸误差

在并联机器人的运动学模型中，式（3-11）描述的是没有参数误差的理想情况下末端输出位置与各结构参数的关系，实际上由于加工安装、摩擦磨损等各种因素的影响，各结构参数误差不可避免，从而使得机器人运动的实际位置与理想期望的位置产生一定的偏差。由于机器人的各结构参数为微小偏差，故可以将表达式（3-11）在各结构参数处进行泰勒展开，将所得到的三条运动支链上的泰勒展开式进行叠加，可得到机器人结构参数误差引起的运动误差如下：

$$
\begin{cases}
\Delta x^C = \sum_{i=1}^{3} \big[\cos \alpha_i \Delta R_i - \cos \alpha_i \Delta r_i + \cos \theta_{i1} \cos \alpha_i \Delta L_{i1} + \\
\quad (\cos \theta_{i2} \cos \theta_{i3} \cos \alpha_i - \sin \theta_{i3} \sin \alpha_i) \Delta L_{i2} + \\
\quad (-R_i \sin \alpha_i + r_i \sin \alpha_i - L_{i1} \cos \theta_{i1} \sin \alpha_i - \\
\quad L_{i2} \cos \theta_{i2} \cos \theta_{i3} \sin \alpha_i - L_{i2} \sin \theta_{i3} \cos \alpha_i) \Delta \alpha_i\big] \\
\Delta y^C = \sum_{i=1}^{3} \big[-\sin \alpha_i \Delta R_i + \sin \alpha_i \Delta r_i - \cos \theta_{i1} \sin \alpha_i \Delta L_{i1} - \\
\quad (\cos \theta_{i2} \cos \theta_{i3} \sin \alpha_i + \sin \theta_{i3} \cos \alpha_i) \Delta L_{i2} + \\
\quad (-R_i \cos \alpha_i + r_i \cos \alpha_i - L_{i1} \cos \theta_{i1} \cos \alpha_i - \\
\quad L_{i2} \cos \theta_{i2} \cos \theta_{i3} \cos \alpha_i + L_{i2} \sin \theta_{i3} \sin \alpha_i) \Delta \alpha_i\big] \\
\Delta z^C = -\sum_{i=1}^{3} (\sin \theta_{i1} \Delta L_{i1} + \sin \theta_{i2} \cos \theta_{i3} \Delta L_{i2} + \Delta d)
\end{cases} \tag{4-1}
$$

式（4-1）反映的是在 x、y、z 三个方向上各结构误差与机器人输出误差之间的关系。根据误差表达式可知，机器人结构误差来源为 ΔR_i、Δr_i、ΔL_{i1}、ΔL_{i2}、$\Delta \alpha_i$ 等尺寸偏差，除此之外，机器人还存在转动副误差、驱动误差及球铰副误差等。接下来分别对这些误差源进行运动误差建模。

4.1.2 考虑转动副间隙误差

转动副在 Delta 机器人中起着重要的构件连接作用，在静平台与驱动臂之间，以及驱动臂与平行四边形从动机构之间都是通过转动副连接的。在对机器人进行运动学分析时，在许多情况下，一般不考虑转动副间隙对机构运动精度的影响,即把铰链视为一种理想的约束。但是,由于多种因素影响,如加工公差、摩擦磨损、材料变形等,关节之间不可避免地存在间隙误差。间隙误差会对机构运动输出产生一定的影响,使得机构的实际运动学模型同理想运动模型之间产生一定的偏差。因此,考虑转动副间隙对机构运动输出的影响是十分必要的。

　　机器人在运行过程中,转动副构件中的销轴在轴套内的运动位置存在不确定性,所处位置是随机变化的。根据杆件和转动副之间的连接关系,建立转动副间隙的误差模型,如图 4-1 所示。记连接杆件为 AB,当不考虑间隙误差时,轴套的中心位于 B 点;当考虑存在间隙误差时,销轴中心与轴套中心这两个位置点不能够重合在一起,而是产生一定的偏移,此时此刻,销轴的中心位于 B' 点。故转动副的间隙误差可以被定义为轴套中心 B 与销轴中心 B' 的连线距离,即 d 为转动副的径向误差。

　　在图 4-1 的转动副间隙误差模型上建立相应的坐标系。以 B 点为坐标原点,AB 方向为 x 轴正向,α 为径向间隙误差 d 与 x 轴正向的夹角,将夹角 α 定义为转动副间隙的误差角。

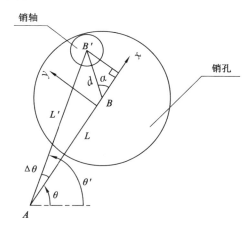

图 4-1　转动副间隙误差模型

　　当不考虑转动副间隙误差的影响时,连杆的名义长度为 AB,名义关节角为 θ。当考虑转动副间隙误差的影响时,连杆的实际长度为 AB',实际关节角为 θ'。因此,机器人产生了一定的结构参数误差,记转动副间隙误差引起的机器人结构参数误差分别为 ΔL 和 $\Delta\theta$,这些参数误差会造成机器人末端输出产生运动误差。

　　根据几何关系可以得到,在是否考虑间隙误差影响的两种情况下,连杆长度与关节角大小之间的关系为

$$L' = \sqrt{(L + d\cos\alpha)^2 + (d\sin\alpha)^2} \tag{4-2}$$

$$\theta' = \theta + \arcsin(\frac{d\sin\alpha}{L'}) \tag{4-3}$$

于是，转动副间隙误差引起的机器人结构参数误差为

$$\Delta L = L' - L = \sqrt{(L + d\cos\alpha)^2 + (d\sin\alpha)^2} - L \tag{4-4}$$

$$\Delta\theta = \theta' - \theta = \theta + \arcsin(\frac{d\sin\alpha}{L'}) - \theta = \arcsin(\frac{d\sin\alpha}{L'}) \tag{4-5}$$

将式(4-2)代入式(4-5)中，则有

$$\Delta\theta = \arcsin\left[\frac{d\sin\alpha}{\sqrt{(L + d\cos\alpha)^2 + (d\sin\alpha)^2}}\right] \tag{4-6}$$

由式(4-4)和式(4-6)可知，间隙引起的机器人结构参数误差与间隙误差值和关节的误差角有关，即

$$\sqrt{(L + d\cos\alpha)^2 + (d\sin\alpha)^2} - L = \sqrt{L^2 + d^2 + 2Ld\cos\alpha} - L \tag{4-7}$$

机器人在运动过程中，相对来说，关节误差角 α 很小，则 $\cos\alpha \to 1$，$\sin\alpha \to 0$，于是有

$$d \leqslant \sqrt{L^2 + d^2 + 2Ld\cos\alpha} - L \leqslant d \tag{4-8}$$

所以

$$\Delta L = d \tag{4-9}$$

又 $\dfrac{d\sin\alpha}{\sqrt{(L + d\cos\alpha)^2 + (d\sin\alpha)^2}} = 0$，于是有

$$\Delta\theta = \arcsin\left[\frac{d\sin\alpha}{\sqrt{(L + d\cos\alpha)^2 + (d\sin\alpha)^2}}\right] = 0 \tag{4-10}$$

根据推算结果，分析可知，转动副间隙误差对机器人的结构参数误差主要影响体现在对连杆长度上，而对关节角大小的影响可以忽略不计。由此可将转动副间隙误差模型简化为径向间隙误差对连杆长度的影响。于是，转动副间隙误差可以简化为图 4-2 所示模型。

图 4-2 表示的是将间隙放大后的转动副连接示意图，R_1、R_2 分别为销孔和销轴的半径，R_{ei} 为误差圆半径。转动副实际工作时，转轴中心位于误差圆上，由图 4-2 可知

$$R_{ei} = R_1 - R_2 \tag{4-11}$$

Delta 机器人的结构组成中，其中转动副主要存在于静平台与驱动臂之间，以及驱动臂与平行四边形从动臂之间。根据有效长度理论，静平台与驱动臂之间的转动副间隙误差等效于驱动臂的长度误差 ΔL_{i1}，驱动臂与平行四边形从动臂之间的转动副间隙误差等效于平行四边形从动臂杆长误差 ΔL_{i2}。第一部分的转动副间隙记为 R_{ei}^1，则 $R_{ei}^1 = \Delta L_{i1}$，第二部分的转动副间隙记为 R_{ei}^2，则 $R_{ei}^2 =$

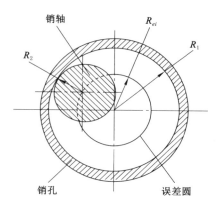

图 4-2 转动副模型

ΔL_{i2}，于是转动副间隙引起的运动误差为 R_e^1 和 R_e^2 引起的误差之和。由于 R_e^1 和 R_e^2 对运动误差的影响程度分别同 ΔL_{i1} 和 ΔL_{i2} 对运动误差的影响相同，故可得转动副间隙引起的误差为

$$
\begin{cases}
\Delta x^R = \sum_{i=1}^{3} \left[\cos \theta_{i1} \cos \alpha_i R_e^1 + (\cos \theta_{i2} \cos \theta_{i3} \cos \alpha_i - \sin \theta_{i3} \sin \alpha_i) R_e^2 \right] \\
\Delta y^R = \sum_{i=1}^{3} \left[(-\cos \theta_{i1} \sin \alpha_i R_e^1) \right] + \left[-(\cos \theta_{i2} \cos \theta_{i3} \sin \alpha_i + \right. \\
\qquad\qquad \left. \sin \theta_{i3} \cos \alpha_i) R_e^2 \right] \\
\Delta z^R = \sum_{i=1}^{3} \left[(-\sin \theta_{i1} R_e^1) + (-\sin \theta_{i2} \cos \theta_{i3} R_e^2) \right]
\end{cases}
\tag{4-12}
$$

又 $R_e^1 = \Delta L_{i1}$，$R_e^2 = \Delta L_{i2}$，则上式可以写为

$$
\begin{cases}
\Delta x^R = \sum_{i=1}^{3} \left[\cos \theta_{i1} \cos \alpha_i \Delta L_{i1} + (\cos \theta_{i2} \cos \theta_{i3} \cos \alpha_i - \sin \theta_{i3} \sin \alpha_i) \Delta L_{i2} \right] \\
\Delta y^R = \sum_{i=1}^{3} \left[(-\cos \theta_{i1} \sin \alpha_i \Delta L_{i1}) \right] + \left[-(\cos \theta_{i2} \cos \theta_{i3} \sin \alpha_i + \right. \\
\qquad\qquad \left. \sin \theta_{i3} \cos \alpha_i) \Delta L_{i2} \right] \\
\Delta z^R = \sum_{i=1}^{3} \left[(-\sin \theta_{i1} \Delta L_{i1}) + (-\sin \theta_{i2} \cos \theta_{i3} \Delta L_{i2}) \right]
\end{cases}
$$

$$\tag{4-13}$$

4.1.3 考虑驱动误差

已知输入角 θ_{i1} 为机构在任意时刻的驱动臂转角，经过前面分析，θ_{11}、θ_{21} 和

θ_{31}三个角度的大小与机器人末端中心点的运动位置有关,故 θ_{i1}该可以看作机器人运动轨迹 x、y、z 的函数。设 $\theta_{11}=f_1(x,y,z)$、$\theta_{21}=f_2(x,y,z)$、$\theta_{31}=f_3(x,y,z)$,对上述函数关系式在 x、y、z 处进行泰勒展开,可得

$$\Delta\theta_{i1}=\frac{\partial f_i}{\partial x}\Delta x+\frac{\partial f_i}{\partial y}\Delta y+\frac{\partial f_i}{\partial z}\Delta z,i=1,2,3 \tag{4-14}$$

则在 x、y、z 方向上,可以将式(4-14)展开写为

$$\begin{bmatrix}\Delta\theta_{11}\\\Delta\theta_{21}\\\Delta\theta_{31}\end{bmatrix}=\begin{bmatrix}\frac{\partial f_i}{\partial q}\end{bmatrix}\begin{bmatrix}\Delta x\\\Delta y\\\Delta z\end{bmatrix},q=x,y,z;i=1,2,3 \tag{4-15}$$

式中,$\begin{bmatrix}\dfrac{\partial f_i}{\partial q}\end{bmatrix}=\begin{bmatrix}\dfrac{\partial f_1}{\partial x}&\dfrac{\partial f_1}{\partial y}&\dfrac{\partial f_1}{\partial z}\\[6pt]\dfrac{\partial f_2}{\partial x}&\dfrac{\partial f_2}{\partial y}&\dfrac{\partial f_2}{\partial z}\\[6pt]\dfrac{\partial f_3}{\partial x}&\dfrac{\partial f_3}{\partial y}&\dfrac{\partial f_3}{\partial z}\end{bmatrix}$ 为机器人的雅克比矩阵;$\begin{bmatrix}\Delta\theta_{11}&\Delta\theta_{21}&\Delta\theta_{31}\end{bmatrix}^T$

表示的是三个驱动角的微小误差;$\begin{bmatrix}\Delta x&\Delta y&\Delta z\end{bmatrix}^T$ 表示的是机器人末端在 x、y、z 三个方向上的运动误差。

为了直观清楚地表达机器人运动输出误差随驱动误差的关系,将式(4-15)两边左乘并联机器人雅克比矩阵的逆矩阵,即 $\begin{bmatrix}\dfrac{\partial f_i}{\partial q}\end{bmatrix}^{-1}$,则可以得到

$$\begin{bmatrix}\Delta x\\\Delta y\\\Delta z\end{bmatrix}=\begin{bmatrix}\frac{\partial f_i}{\partial q}\end{bmatrix}^{-1}\begin{bmatrix}\Delta\theta_{11}\\\Delta\theta_{21}\\\Delta\theta_{31}\end{bmatrix} \tag{4-16}$$

通过运算,可得驱动误差引起的运动误差为

$$\begin{cases}\Delta x^D=\displaystyle\sum_{i=1}^{3}-L_1\sin\theta_{i1}\cos\alpha_i\Delta\theta_{i1}\\[10pt]\Delta y^D=\displaystyle\sum_{i=1}^{3}L_1\sin\theta_{i1}\sin\alpha_i\Delta\theta_{i1}\\[10pt]\Delta z^D=\displaystyle\sum_{i=1}^{3}-L_1\cos\alpha_i\Delta\theta_{i1}\end{cases} \tag{4-17}$$

4.1.4 考虑球铰副间隙误差

Delta 并联机器人的铰链组成中,不仅有转动副,而且还有球铰副。Delta 机器人的从动臂是由平行四边形机构组成的,而平行四边形机构是由球铰副与水

平横杆连接的。组成球铰副的元件之间存在相对运动,这种配合属于动配合,因此,组成球铰副的元件之间必然存在一定间隙。在零件加工制造过程中,或采用精度等级较低的配合,以及机器人高速运行时,这些情况都会使摩擦磨损加剧,形成振动,产生较大的间隙误差。于是,在对机器人运动精度进行分析时,需要考虑球铰副间隙的影响。

一个平行四边形从动机构含有四个球铰副,假设平行四边形从动机构的水平横杆保持水平,则一条支链上的球铰副间隙误差引起的运动误差只需考虑平行四边形上端的一个球铰副和下端的一个球铰副这两个球铰副间隙误差的影响。

球铰副是由球壳和球体构成,球铰副模型如图 4-3 所示。当机器人工作时,球体在球壳中运动,此时的运动模型为空间模型。理想情况下,球体的中心位于 O 点。由于不可避免存在间隙,实际的球铰中心位于 O' 点。两种情况下,球铰的中心与原点之间的距离即为球铰副的间隙。

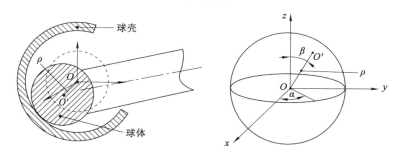

图 4-3 球铰副模型

球铰副间隙误差的存在影响并联机器人的输出误差,球铰副间隙误差对机构在工作空间内三个方向的移动造成影响,而在机构转动方面不产生影响。因此,球铰副间隙造成的误差只有三个平动误差。

记在 x、y、z 三个方向上的误差分别为 Δx^Q、Δy^Q、Δz^Q,设球铰副间隙为 ρ,间隙方向在 xOy 面内的投影与 x 轴夹角为 α,间隙方向与 z 轴夹角为 β,由此可得在 x、y、z 三个方向上的运动误差为

$$\begin{cases} \Delta x^Q = \rho \sin \beta \cos \alpha \\ \Delta y^Q = \rho \sin \beta \sin \alpha \\ \Delta z^Q = \rho \cos \beta \end{cases} \qquad (4\text{-}18)$$

根据 Delta 并联机器人结构图可知,球铰副间隙 ρ 等效于从动臂的长度变化值 ΔL_2,即 $\rho = \Delta L_2$。在一条支链上球铰副间隙引起的位置误差为只需考虑平

行四边形上端的一个球铰副和下端的一个球铰副这两个球铰副的影响。于是，一条支链上球铰副间隙引起的运动误差为两个球铰副间隙引起的误差之和。由于 ρ 对运动误差的影响程度和 ΔL_2 对运动误差的影响相同，故可得球铰副间隙引起的误差为

$$
\begin{cases}
\Delta x^Q = 2 \sum\limits_{i=1}^{3} (\cos \theta_{i2} \cos \theta_{i3} \cos \alpha_i - \sin \theta_{i3} \sin \alpha_i) \rho \\
\Delta y^Q = -2 \sum\limits_{i=1}^{3} (\cos \theta_{i2} \cos \theta_{i3} \sin \alpha_i + \sin \theta_{i3} \cos \alpha_i) \rho \\
\Delta z^Q = -2 \sum\limits_{i=1}^{3} \sin \theta_{i2} \cos \theta_{i3} \rho
\end{cases}
\tag{4-19}
$$

又 $\rho = \Delta L_2$，所以上式可以写为

$$
\begin{cases}
\Delta x^Q = 2 \sum\limits_{i=1}^{3} (\cos \theta_{i2} \cos \theta_{i3} \cos \alpha_i - \sin \theta_{i3} \sin \alpha_i) \Delta L_{i2} \\
\Delta y^Q = -2 \sum\limits_{i=1}^{3} (\cos \theta_{i2} \cos \theta_{i3} \sin \alpha_i + \sin \theta_{i3} \cos \alpha_i) \Delta L_{i2} \\
\Delta z^Q = -2 \sum\limits_{i=1}^{3} \sin \theta_{i2} \cos \theta_{i3} \Delta L_{i2}
\end{cases}
\tag{4-20}
$$

以上考虑各种误差时所建立的运动误差模型为机器人运动误差分析和可靠性研究提供了理论基础，基于这些模型，还可以进一步完成运动误差补偿。

4.2　运动误差灵敏度分析

上节推导了机器人的运动误差表达式，通过方程模型得知存在多种误差因素影响机器人最后的运动输出情况。各误差参数造成的影响程度存在差异，其中有的误差对运动精度的影响大，有的误差对运动精度的影响相对较小。此外，不同误差对机器人的运动精度在 x、y、z 三个方向上的影响也不尽相同。因此，需要对机构的各输入误差展开灵敏度分析，评估各误差参数对机构运动输出产生的影响。在机器人运动精度控制以及产品设计时需要严格控制对运动输出影响较大的变量和参数，尽可能地减小其对机构运动输出造成的影响，这对提高机构及产品性能具有重要意义。

根据机器人运动误差模型，可以得知运动误差与机器人的结构参数以及机器人所处的运动状态有关，不同误差因素对运动误差的影响不同。因此，需要采用一个新的数学量来反映各个不同误差源对运动误差的影响程度。设误差 Δe 产生的末端运动误差为 U，则 U 是一个关于 Δe 的函数，记为 $U(\Delta e)$。于是，任

意一种误差源 Δe_i 引起的输出误差可写为 $U(\Delta e_i)$,将输出误差 $U(\Delta e_i)$ 对这个误差源 Δe_i 求一阶偏导数,即可得到误差源 Δe_i 对输出误差的影响程度。此处,就用这个量来描述各误差对机器人末端运动精度的影响,将其称为误差灵敏度,这个量的大小为误差传递系数,记为 K_{ei},则

$$K_{ei} = \frac{\partial U(\Delta e_i)}{\Delta e_i} \tag{4-21}$$

记误差 Δe_i 在 x、y、z 方向上的误差传递系数为 Kp_{ei},以上误差的总和即为机器人在 x、y、z 三个方向上的总运动误差,则有

$$\Delta p = \Delta p^C + \Delta p^R + \Delta p^D + \Delta p^Q = \sum_{i=1}^{n} Kp_{ei}\Delta e_i, p = x, y, z \tag{4-22}$$

机器人运动误差对误差源 Δe_i 的灵敏度即为误差 Δe_i 的误差传递系数 K_{ei},K_{ei} 的大小反映了误差 Δe_i 对机器人运动精度的影响程度。

4.3 运动精度可靠性分析

4.3.1 运动可靠性的定义

可靠性描述的是产品的可靠程度。具体地,它指的是产品在规定的条件下,在规定时间内完成规定功能的能力。运动可靠度也是描述一个产品或者系统性能好坏的重要参量。现有的可靠性研究领域,主要是从机构或零部件的强度或寿命可靠性方面进行了相关分析,而从运动精度方面进行的可靠性研究相对较少,于是,对机器人运动精度可靠性开展相关研究具有非常重要的意义。随着机器人不断被推广应用,运动精度可靠性问题越来越引起研究人员的关注。

4.3.2 运动可靠性的计算

与影响运动误差一样,存在许多对机器人运动精度可靠性造成影响的因素。常见的因素主要有零件加工制造、安装误差、间隙误差、电机驱动、受力变形、摩擦磨损、振动冲击等,这些因素导致机器人产生一定的运动误差,从而降低了运动精度的可靠性。由于机构的公差、驱动等影响因素呈随机性特点,于是机器人误差模型中误差参数的数值并不是固定的单值,而是呈一定分布规律的随机值。可靠度是描述可靠性的量化指标。运动可靠性分析就是要通过推算得到末端执行器的实际误差落在许用精度范围内的概率,这个过程其实就是求出机构的运动可靠度。

机械行业领域的尺寸一般服从正态分布,杆长、间隙等属于尺寸偏差,故可

以将各误差源的分布看成正态分布。当原始误差之间相互独立,而且各误差参数值的分布特征属于正态分布时,则可得出在任意时刻,机器人末端执行器的运动误差在 x、y、z 三个方向上也呈现正态分布特点,则将所求取的末端运动误差值的分布参数表示为 μ_e、σ_e。其中,μ_e 为输出误差的均值,σ_e 为输出误差的标准差。这两个量的计算表达式如下

$$\mu_e = \sum_{i=1}^{n} K p_{ei} \mu_{ei} \tag{4-23}$$

$$\sigma_e = \sqrt{D_e} = \sqrt{\sum_{i=1}^{n} K p_{ei}^2 \sigma_{ei}^2} \tag{4-24}$$

式中　μ_{ei}——各个原始输入误差的均值;

　　σ_{ei}——各个原始输入误差的标准差。

许用精度即为将实际误差限定在某一可接受的范围,许用误差为一个规定范围,故其也服从一定的分布,一般情况下,可将许用误差的分布视为正态分布。

由数学中的概率统计学知识,结合应力-强度分布干涉理论与可靠性工程理论进行类比,其中许用误差分布类似于强度分布,实际误差分布类似于应力分布,则实际误差分布规律符合正态分布 $N\sim(\mu_e, \sigma_e^2)$,记许用误差的均值为 μ_ε,标准差为 σ_ε,则许用误差分布规律也符合正态分布 $N\sim(\mu_\varepsilon, \sigma_\varepsilon^2)$。

绝大多数情况下,各个误差源的数值大小是随机的,而且相互之间没有直接的联系,彼此独立或者相关性很小,易知其中每一种误差的变化规律可以用正态分布来描述。设对一个机构进行运动误差和可靠性分析时,存在 n 个随机误差,因此需要将 n 个随机误差分量同时考虑。设各随机误差的均值为 μ_1,μ_2,$\cdots$,μ_n,标准差为 σ_1,σ_2,$\cdots$,σ_n。在进行机构运动可靠性分析时,将各种误差综合起来考虑,分析在其共同作用下的影响。根据正态分布中随机变量的均值与方差的运算规则,可以得出在各误差综合作用下,机构末端总的运动输出误差的均值 μ_e 和标准差 σ_e 分别为

$$\mu_e = \mu_1 + \mu_2 + \cdots + \mu_n \tag{4-25}$$

$$\sigma_e = \sqrt{\sigma_1^2 + \sigma_2^2 + \cdots + \sigma_n^2} \tag{4-26}$$

将误差进行合成,减少了误差变量个数,求解起来更加清楚简便。将多种误差对机构运动精度可靠性的影响转化为总误差对机构运动精度可靠性的影响。

设许用误差为 ε,$\varepsilon \in [\varepsilon_1, \varepsilon_2]$,则可靠度为

$$R = P(\varepsilon_1 < \Delta p < \varepsilon_2) \tag{4-27}$$

$$R = P(\varepsilon_1 < \Delta p < \varepsilon_2) = P(\Delta p < \varepsilon_2) - P(\Delta p < \varepsilon_1)$$

$$= \Phi\left(\frac{\varepsilon_2 - \mu}{\sigma}\right) - \Phi\left(\frac{\varepsilon_1 - \mu}{\sigma}\right) \tag{4-28}$$

由于机构的输出误差是一系列服从正态分布的随机值，根据应力-强度干涉理论和可靠性理论，机构的许用误差范围不要求为一个定值，而为一个变化值。为了统一处理和计算简便，许用误差可视为服从正态分布。

许用误差的均值为 μ_ε，标准差为 σ_ε，许用误差 ε 服从正态分布 $N\sim(\mu_\varepsilon,\sigma_\varepsilon{}^2)$。当许用误差 ε 服从正态分布时，在此，设功能函数为 $H(Z)$。

$H(Z)$ 的表达式为 $H(Z)=\varepsilon-\Delta p>0$，其中 Δp 表示的是运动输出误差，ε 表示的是允许极限误差，此式表明允许极限误差需大于输出误差。

又因为输出误差 Δp 和许用极限误差 ε 符合正态分布变化规律，设输出误差 Δp 和许用极限误差 ε 的概率密度函数分别为 $f(x)$ 和 $g(x)$，则可将它们的函数表达式分别写为

$$f(x)=\Delta p=\frac{1}{\sqrt{2\pi}\sigma_e}\exp\left[-\frac{1}{2}\left(\frac{x-\mu_e}{\sigma_e}\right)^2\right] \tag{4-29}$$

$$g(x)=\varepsilon=\frac{1}{\sqrt{2\pi}\sigma_\varepsilon}\exp\left[-\frac{1}{2}\left(\frac{y-\mu_\varepsilon}{\sigma_\varepsilon}\right)^2\right] \tag{4-30}$$

上述公式中，μ_e，σ_e，μ_ε 和 σ_ε 分别为 Δp 和 ε 的均值和方差。由应力-强度干涉理论模型，运动可靠度可表示如下

$$
\begin{aligned}
R=P(\varepsilon>\Delta p)&=\int_{-\infty}^{\infty}g(x)\left[\int_{-\infty}^{x}f(x)\mathrm{d}x\right]\mathrm{d}x\\
&=\int_0^\infty f(z)\mathrm{d}z=\int_0^\infty\frac{1}{\sqrt{2\pi}\sigma_z}\exp\left[-\frac{1}{2}\left(\frac{z-\mu_z}{\sigma_z}\right)^2\right]\mathrm{d}z
\end{aligned} \tag{4-31}
$$

为了减少变量，则将上式化为标准正态分布形式，令 $\xi=\dfrac{z-\mu_z}{\sigma_z}$，可得

$$
\begin{aligned}
R=P(\varepsilon>\Delta p)&=\int_0^\infty f(z)\mathrm{d}z\\
&=\int_{-\eta}^{\infty}\frac{1}{\sqrt{2\pi}}\exp\left[-\frac{1}{2}\xi^2\right]\mathrm{d}\xi\\
&=\Phi(\eta)
\end{aligned} \tag{4-32}
$$

在上面公式中

$$f(z)=\frac{1}{\sqrt{2\pi}\sigma_z}\exp\left[-\frac{1}{2}\left(\frac{z-\mu_z}{\sigma_z}\right)^2\right],\eta=\frac{\mu_z}{\sigma_z}=\frac{\mu_\varepsilon-\mu_e}{\sqrt{\sigma_\varepsilon{}^2+\sigma_e{}^2}},Z=\varepsilon-\Delta p。$$

由此根据可靠度的定义和可靠度联结方程，得到可靠度系数为

$$\eta=\frac{\mu_\varepsilon-\mu_e}{\sqrt{\sigma_\varepsilon{}^2+\sigma_e{}^2}} \tag{4-33}$$

记并联机器人在 x、y、z 三个方向上的可靠度和可靠性系数分别为 R_p、η_p，其中 $p=x,y,z$，则并联机器人在 x、y、z 三个方向上的可靠度为

$$R_p = \Phi(\eta_p), p = x, y, z \qquad (4-34)$$

其中，$\Phi(\cdot)$ 为标准正态分布函数。

所以机器人的运动可靠度为

$$R_s = \frac{1}{n}\sum_{i=1}^{n} R_p = \frac{1}{3}(R_x + R_y + R_z) \qquad (4-35)$$

以上为机器人的运动可靠性理论，通过相关方程即可计算出机器人在不同方向上的运动可靠度。根据各误差源的误差传递系数变化规律可以计算分析出各误差因素对运动可靠性的影响程度，得出机器人的运动可靠性变化规律，从而为控制机器人的关键参数以提高运动可靠性指明了方向。

4.4 算例分析

以实验室的辰星（天津）自动化设备有限公司的 D3PM-1000 型机器人为例，如图 4-4 所示，进行各误差源的运动精度灵敏度分析。D3PM-1000 型机器人的工作空间半径为 500～1 400 mm，抓取速度为 75～150 次/min，最大速度和加速度分别为 8 m/s、100 m/s²，主动臂分布角分别为：$\alpha_1 = 0°$，$\alpha_2 = 120°$，$\alpha_3 = 240°$。它可以实现 x、y、z 三个方向上的平动，广泛应用于高速分拣和包装领域。

图 4-4 D3PM-1000 机器人

机器人的结构参数如表 4-1 所示。

表 4-1　机器人的结构参数

结构参数	数值
静平台半径 R/mm	125
动平台半径 r/mm	50
主动臂长度 L_1/mm	400
从动臂长度 L_2/mm	950

取并联机器人的运动平台中心点运动轨迹为 $x = 50\sin(120°t)$、$y = -50\cos(120°)+50$, $z = -600-40t$, 运动时间为 3 s。机器人的运动输出误差与下列静态误差参数有关, 分别为 ΔR_i、Δr_i、ΔL_{i1}、ΔL_{i2}、$\Delta \alpha_i$、$\Delta \theta_{i1}$、R_a、ρ。

根据运动误差分析中的数学模型, 分别得出各误差源在 x、y、z 三个方向上相应的误差传递系数随时间的变化曲线, 分析各静态误差对运动输出误差的影响规律。

4.4.1　静平台和动平台尺寸误差影响规律

记静平台的半径误差 ΔR_i 和动平台的半径误差 Δr_i 的误差传递系数分别为 Kp_R_i 和 Kp_r_i。Kp_R_i 表示误差源 ΔR_i 在 p 方向上的误差传递系数。$p = x, y, z; i = 1, 2, 3$, 其余误差源的误差传递系数的表示含义类似。

根据误差模型方程可知:
$Kx\_R_i = \cos \alpha_i, Ky\_R_i = 0, Kz\_R_i = -\sin \alpha_i$;
$Kx\_r_i = -\cos \alpha_i, Ky\_r_i = 0, Kz\_r_i = \sin \alpha_i$。

代入并联机器人主动臂分布角等具体的相关参数值, 可得静、动平台尺寸误差在 x、y、z 三个方向上的误差传递系数值。

对于静平台的半径误差 ΔR_i, 在 x、y、z 三个方向误差传递系数的计算如下列各式:
$Kx\_R_1 = \cos \alpha_1 = \cos 0° = 1$
$Kx\_R_2 = \cos \alpha_2 = \cos 120° = -0.5$
$Kx\_R_3 = \cos \alpha_3 = \cos 240° = -0.5$
$Ky\_R_1 = -\sin \alpha_1 = -\sin 0° = 0$
$Ky\_R_2 = -\sin \alpha_2 = -\sin 120° = -0.866$
$Ky\_R_3 = -\sin \alpha_3 = -\sin 240° = 0.866$
$Kz\_R_1 = 0$

$Kz_{-}R_2 = 0$

$Kz_{-}R_3 = 0$

对于动平台的半径误差 Δr_i，在 x、y、z 三个方向误差传递系数的计算如下列各式：

$Kx_{-}r_1 = -\cos \alpha_1 = -\cos 0° = -1$

$Kx_{-}r_2 = -\cos \alpha_2 = -\cos 120° = 0.5$

$Kx_{-}r_3 = -\cos \alpha_3 = -\cos 240° = 0.5$

$Ky_{-}r_1 = \sin \alpha_1 = \sin 0° = 0$

$Ky_{-}r_2 = \sin \alpha_2 = \sin 120° = 0.866$

$Ky_{-}r_3 = \sin \alpha_3 = \sin 240° = -0.866$

$Kz_{-}r_1 = 0$

$Kz_{-}r_2 = 0$

$Kz_{-}r_3 = 0$

根据计算结果，分析可知：

(1) 静平台与动平台尺寸误差在 z 方向上的误差传递系数为 0，因此，这两种误差对末端执行器在 z 方向上的运动不产生影响。

(2) 静平台与动平台尺寸误差传递系数为一个恒定的常数，则这两种误差对末端运动输出误差的影响与机构运动状态无关，即无论机器人处于怎样的运动状态，其对机构运动精度的影响相同。

(3) 静平台与动平台尺寸误差的影响在三条支链上具有很好的补偿特点，当三条支链输入相等的误差值时，三条支链上产生的运动误差会相互抵消，于是，其对运动精度不造成影响。

4.4.2 驱动臂和从动臂长度误差影响规律

根据机器人驱动臂和从动臂长度误差模型，分别得出其在 x、y、z 三个方向上的误差传递系数。

机器人驱动臂长度误差 ΔL_{i1} 的误差传递系数变化如图 4-5～图 4-7 所示。

机器人从动臂长度误差 ΔL_{i2} 的误差传递系数变化如图 4-8～图 4-10 所示。

由图 4-5～图 4-10 的曲线变化规律可知：

(1) 驱动臂长度误差 ΔL_{i1} 和从动臂长度误差 ΔL_{i2} 对运动精度的影响与机器人所处位置有关。

(2) 三条支链上驱动臂长度误差 ΔL_{i1} 和从动臂长度误差 ΔL_{i2} 在 x、y 方向上的误差传递系数有正有负，反映出驱动臂长度误差 ΔL_{i1} 和从动臂长度误差 ΔL_{i2} 在这两个方向上具有补偿性。

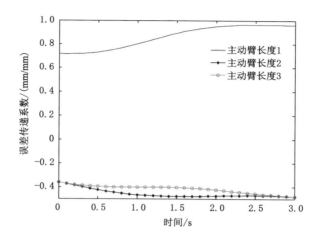

图 4-5　ΔL_{i1} 在 x 方向上的误差传递系数

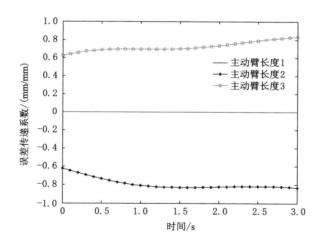

图 4-6　ΔL_{i1} 在 y 方向上的误差传递系数

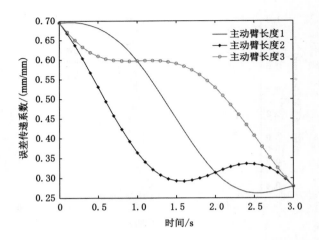

图 4-7 ΔL_{i1} 在 z 方向上的误差传递系数

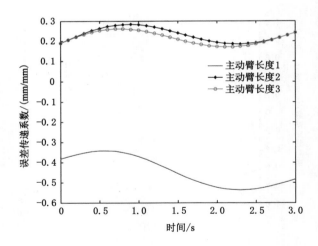

图 4-8 ΔL_{i2} 在 x 方向上的误差传递系数

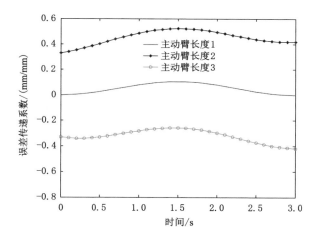

图 4-9　ΔL_{i2} 在 y 方向上的误差传递系数

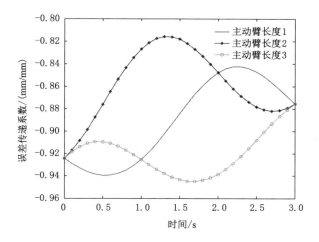

图 4-10　ΔL_{i2} 在 z 方向上的误差传递系数

4.4.3 支链方位角的安装误差影响规律

由于在 z 方向即竖直方向上，机器人的运动方程与安装角度大小无关，故安装角在竖直方向上的误差传递系数为零，只需分析在 x、y 方向上的误差变化规律。安装角度误差在 x、y 方向上的误差传递系数如图 4-11～图 4-12 所示。

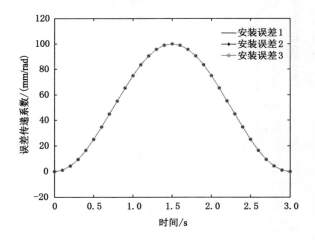

图 4-11 $\Delta\alpha_i$ 在 x 方向上的误差传递系数

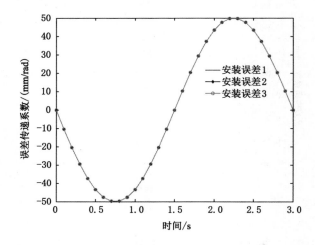

图 4-12 $\Delta\alpha_i$ 在 y 方向上的误差传递系数

由图 4-11～图 4-12 可知：

（1）在 x、y 方向上，三条支链上的机器人安装误差的误差传递系数曲线重合，表明安装误差在这两个方向上对机构运动精度影响相同，在三条支链上，安装误差对运动误差的影响具有对称性。

（2）在 z 方向上运动输出误差的大小与方位角安装误差 $\Delta \alpha_i$ 无关，故安装误差在 z 方向上对运动精度没有影响。

4.4.4 转动副间隙误差影响规律

根据转动副间隙 ΔR 的运动误差方程

$$
\begin{cases}
\Delta x^R = \sum_{i=1}^{3} \left[\cos \theta_{i1} \cos \alpha_i \Delta L_{i1} + (\cos \theta_{i2} \cos \theta_{i3} \cos \alpha_i - \sin \theta_{i3} \sin \alpha_i) \Delta L_{i2} \right] \\
\Delta y^R = \sum_{i=1}^{3} \left[(-\cos \theta_{i1} \sin \alpha_i \Delta L_{i1}) \right] + \left[-(\cos \theta_{i2} \cos \theta_{i3} \sin \alpha_i + \sin \theta_{i3} \cos \alpha_i) \Delta L_{i2} \right] \\
\Delta z^R = \sum_{i=1}^{3} \left[(-\sin \theta_{i1} \Delta L_{i1}) + (-\sin \theta_{i2} \cos \theta_{i3} \Delta L_{i2}) \right]
\end{cases}
$$

可知转动副间隙 ΔR 误差传递系数为主动臂长度误差 ΔL_{i1} 和从动臂长度误差 ΔL_{i2} 的误差传递系数之和。因此，转动副间隙 ΔR 的误差传递系数如图 4-13～图 4-15 所示。

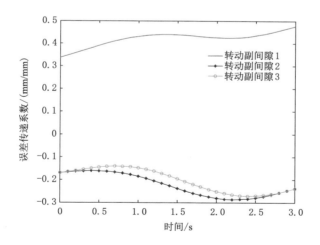

图 4-13 转动副间隙在 x 方向上的误差传递系数

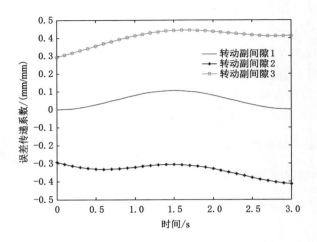

图 4-14 转动副间隙在 y 方向上的误差传递系数

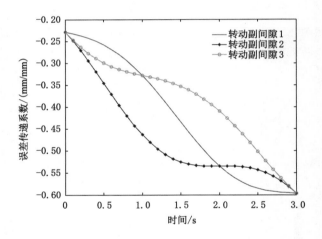

图 4-15 转动副间隙在 z 方向上的误差传递系数

由图 4-13～图 4-15 可知,转动副间隙的误差传递系数在 x、y 方向上具有一定的补偿性。

4.4.5 驱动转角误差影响规律

根据驱动转角的误差模型,可得驱动转角误差 $\Delta\theta_{i1}$ 的误差传递系数变化如图 4-16～图 4-18 所示。

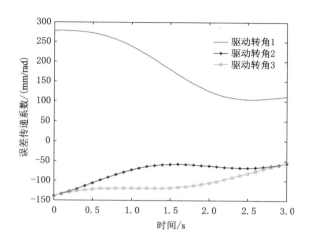

图 4-16 驱动转角误差在 x 方向上的误差传递系数

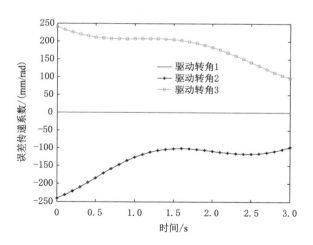

图 4-17 驱动转角误差在 y 方向上的误差传递系数

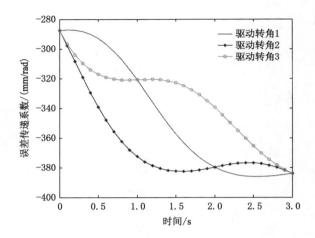

图 4-18　驱动转角误差在 z 方向上的误差传递系数

由图 4-16～图 4-18 所示变化规律可知：

（1）不同时刻，机器人驱动转角误差的误差传递系数不同，故驱动转角误差对运动精度的影响与机器人所处位置有关。

（2）驱动转角误差的误差传递系数比较大，特别是在 z 方向即竖直方向上的影响非常大。

4.4.6　球铰副间隙误差影响规律

根据球铰副间隙 ρ 的运动误差方程

$$
\begin{cases}
\Delta x^{Q} = 2 \sum_{i=1}^{3} (\cos \theta_{i2} \cos \theta_{i3} \cos \alpha_i - \sin \theta_{i3} \sin \alpha_i) \Delta L_{i2} \\
\Delta y^{Q} = -2 \sum_{i=1}^{3} (\cos \theta_{i2} \cos \theta_{i3} \sin \alpha_i + \sin \theta_{i3} \cos \alpha_i) \Delta L_{i2} \\
\Delta z^{Q} = -2 \sum_{i=1}^{3} \sin \theta_{i2} \cos \theta_{i3} \Delta L_{i2}
\end{cases}
$$

可知球铰副间隙 ρ 的误差传递系数为从动臂长度误差 ΔL_2 的误差传递系数的 2 倍。因此，球铰副间隙误差的误差传递系数随时间变化如图 4-19～图 4-21 所示。

由图 4-19～图 4-21 的曲线变化规律可知，球铰副间隙误差随时间变化的规律与从动臂长度误差 ΔL_{i2} 的变化规律类似。

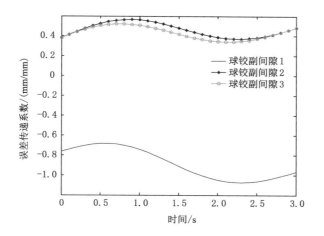

图 4-19　球铰副间隙在 x 方向上的误差传递系数

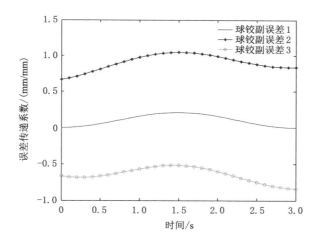

图 4-20　球铰副间隙在 y 方向上的误差传递系数

综合以上误差传递系数的变化规律可知,在影响机器人运动输出的误差源中,驱动转角误差 $\Delta\theta_{i1}$ 的误差传递系数明显大于其他误差源,特别是在竖直方向上的影响更大,安装误差的影响次之,几何结构尺寸参数 ΔR_i、Δr_i、ΔL_{i1}、ΔL_{i2}、R_a、ρ 的误差传递系数较小且具有一定的补偿特点。故驱动转角误差 $\Delta\theta_{i1}$ 是影响机器人运动精度的主要因素,因此,需要严格控制驱动转角的大小,保证机器人能够沿着期望轨迹运动。

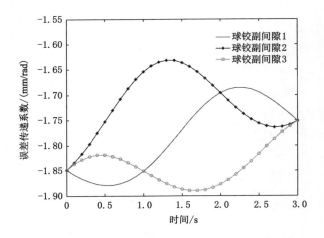

图 4-21　球铰副间隙在 z 方向上的误差传递系数

驱动臂转角的误差传递系数特别是在竖直方向上明显大于其他误差源,是造成运动误差的关键因素。根据运动可靠性理论,从而在允许的运动精度范围内,对机器人运动可靠性的影响也是最大的。因此,要严格控制驱动臂转角的误差值,以此减小运动误差,这对提高机器人的运动可靠性具有重要意义。

4.5　本章小结

本章首先介绍了机器人的误差来源及主要分类,并联机器人静态误差主要包括尺寸误差、转动副间隙误差、驱动误差、球铰副间隙误差。分别考虑这四种误差,建立对应的运动误差模型,得到相应的误差方程。然后,给出了误差灵敏度和运动可靠性的定义,建立了并联机器人运动可靠性的计算模型。最后根据误差模型,得出在 x、y、z 三个方向上误差传递系数随时间变化曲线,反映了各误差对运动精度的影响程度。分析得知,驱动臂转角误差 $\Delta\theta_{i1}$ 的误差传递系数明显大于其他误差源,是影响机器人运动精度和可靠性的关键因素。通过严格控制驱动转角的大小,可有效地提高机器人的运动精度及可靠性。

5 考虑平行度误差的运动建模及误差分析

Delta并联机器人一般被应用于较为开放的工作环境,周围的工作温度不会明显提高,导致材料产生变形,从而对运动误差带来影响,因此可忽略热误差这个影响因素。前文已经分析了机器人静态误差对运动输出的影响,本章主要考虑动态误差产生的影响,建立对应的运动误差模型,展开相关计算分析。其中,在动态误差分析方面,现有的研究大多数是考虑振动、冲击和变形,建立相应的动力学方程,分析了机构的动态误差特性。而关于惯性力等载荷冲击导致的连接构件在水平方向上产生的竖直位移及微小倾斜角对运动精度造成的影响研究很少。对此,本书在考虑动态误差时,主要围绕平行度误差的产生及其对末端运动输出的影响而展开研究。

5.1 机构平行度误差的产生

平行度是几何学中一个常用的概念,在直线和平面这两种几何元素中都涉及平行关系。通常用平行度来描述平面与平面之间或者直线与直线之间是否达到完全平行。在描述这种关系时,首先选取其中一个平面或者一条直线作为基准,来分析另一个平面或者另一条直线相对于所选基准的误差变动量。习惯地用误差变动量的最大值对平行度误差进行量化。平面内的两条理想直线相互之间的平行度误差是固定的,即无论以哪条线或哪个面为基准,其得到的平行度误差结果都相同。本书将平行四边形机构的横向杆视为理想直线,将动平台视为理想平面,即横向杆的直线度误差和动平台的平面度误差为零。

Delta并联机器人每条支链的从动臂是由一对平行四边形机构组成,由于杆的加工误差和安装误差,平行四边形从动机构会出现不平行的情况。此外,当Delta并联机器人高速运行时,负载会产生较大惯性冲击,会导致机器人的动平台不与水平面保持平行,从而产生微小的倾斜角。因此,平行四边形的不平行度会导致动平台产生倾斜,影响机器人的运动精度。本书在建立考虑平行度误差的运动模型时将杆件和平面视为理想状态。

5.2 考虑平行度误差时运动误差建模

5.2.1 机构坐标系的建立

根据 Delta 并联机器人结构模型,绘制的机构支链运动简图如图 5-1 所示。O 为静平台的中心点,OA_i 为静平台的半径,$OA_i=R$,PC_i 为动平台的半径,$PC_i=r$,α_i 为三条支链的分布角,α_i 分别为 0°、120°、240°。驱动臂转角为 θ_{i1},从动臂转角 θ_{i2},图中 P 为运动平台中心点,驱动臂 A_iB_i 长度均为 L_1,平行四边形机构 (从动臂 B_iC_i)长度均为 L_2,平行四边形机构的上端横向杆和下端横向杆长度分别为 $D_{i1}D_{i2}$、$E_{i1}E_{i2}$(图 5-2),上下端横向杆的长度为 l,其中 $i=1,2,3$。

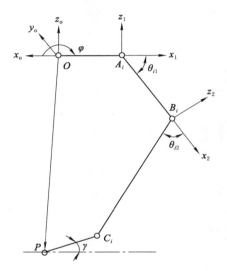

图 5-1　机构支链运动简图

考虑平行四边形驱动机构的不平行度时,同动平台相连接的平行四边形机构的横向杆与水平方向的夹角为 β,此时动平台同水平方向的夹角为 γ,横向杆同动平台连接点(下端横向杆的中点)距水平线距离为 h,如图 5-2 所示。

5.2.2 机构运动学正解模型

采用空间矢量法进行正解计算。以一条支链为例,根据几何法,第 i 条支链的闭环方程为

$$\vec{AB}+\vec{BC}=\vec{OP}+\vec{PC}-\vec{OA} \tag{5-1}$$

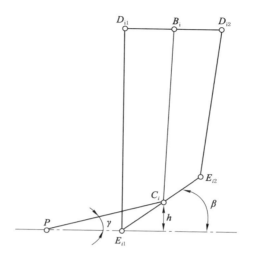

图 5-2　动平台倾斜角示意图

首先，将 $\overrightarrow{OP}$、$\overrightarrow{OA}$ 由 $x_o y_o z_o$ 转换到基坐标系 $x_1 y_1 z_1$ 下，即绕 z_1 轴旋转 φ 角度，其中，$\varphi = -(180° + \alpha_i)$（为顺时针旋转，故角度为负值）。末端点 P 的坐标为 (P_x, P_y, P_z)，所以，在基坐标系下，$\overrightarrow{OP}$、$\overrightarrow{OA}$ 为

$$\overrightarrow{OP} = \begin{bmatrix} \cos\varphi & -\sin\varphi & 0 \\ \sin\varphi & \cos\varphi & 0 \\ 0 & 0 & 1 \end{bmatrix} \begin{bmatrix} P_x \\ P_y \\ P_z \end{bmatrix}$$

$$= \begin{bmatrix} -\cos\alpha_i & -\sin\alpha_i & 0 \\ \sin\alpha_i & -\cos\alpha_i & 0 \\ 0 & 0 & 1 \end{bmatrix} \begin{bmatrix} P_x \\ P_y \\ P_z \end{bmatrix}$$

$$= \begin{bmatrix} -P_x\cos\alpha_i - P_y\sin\alpha_i \\ P_x\sin\alpha_i - P_y\cos\alpha_i \\ P_z \end{bmatrix} \quad (5-2)$$

$$\overrightarrow{OA_i} = \begin{bmatrix} \cos\varphi & -\sin\varphi & 0 \\ \sin\varphi & \cos\varphi & 0 \\ 0 & 0 & 1 \end{bmatrix} \begin{bmatrix} -R \\ 0 \\ 0 \end{bmatrix}$$

$$= \begin{bmatrix} -\cos\alpha_i & -\sin\alpha_i & 0 \\ \sin\alpha_i & -\cos\alpha_i & 0 \\ 0 & 0 & 1 \end{bmatrix} \begin{bmatrix} -R \\ 0 \\ 0 \end{bmatrix}$$

$$= \begin{bmatrix} R\cos\,\alpha_i \\ R\sin\,\alpha_i \\ 0 \end{bmatrix} \quad\quad (5\text{-}3)$$

又动平台在水平方向上的倾斜角为 γ，故 PC 绕 y 轴顺时针旋转 γ 角，即旋转角为 $-\gamma$，所以，在基坐标系下，$\overrightarrow{PC}$ 为

$$\overrightarrow{PC} = \begin{bmatrix} \cos(-\gamma) & 0 & \sin(-\gamma) \\ 0 & 1 & 0 \\ -\sin(-\gamma) & 0 & \cos(-\gamma) \end{bmatrix} \begin{bmatrix} r \\ 0 \\ 0 \end{bmatrix}$$

$$= \begin{bmatrix} \cos\gamma & 0 & -\sin\gamma \\ 0 & 1 & 0 \\ \sin\gamma & 0 & \cos\gamma \end{bmatrix} \begin{bmatrix} r \\ 0 \\ 0 \end{bmatrix}$$

$$= \begin{bmatrix} r\cos\gamma \\ 0 \\ r\sin\gamma \end{bmatrix} \quad\quad (5\text{-}4)$$

将上式右端展开为

$$\overrightarrow{OP} + \overrightarrow{PC} - \overrightarrow{OA} = \begin{bmatrix} -P_x\cos\alpha_i - P_y\sin\alpha_i \\ P_x\sin\alpha_i - P_y\cos\alpha_i \\ P_z \end{bmatrix} + \begin{bmatrix} r\cos\gamma \\ 0 \\ r\sin\gamma \end{bmatrix} - \begin{bmatrix} R\cos\alpha_i \\ R\sin\alpha_i \\ 0 \end{bmatrix}$$

$$= \begin{bmatrix} -P_x\cos\alpha_i - P_y\sin\alpha_i + r\cos\gamma - R\cos\alpha_i \\ P_x\sin\alpha_i - P_y\cos\alpha_i - R\sin\alpha_i \\ P_z + r\sin\gamma \end{bmatrix} \quad\quad (5\text{-}5)$$

$\overrightarrow{AB}$ 可看作是基坐标系下矢量 $\begin{bmatrix} L_1 & 0 & 0 \end{bmatrix}^T$ 绕 y_1 轴旋转 θ_{i1} 角；同理矢量 $\begin{bmatrix} L_2 & 0 & 0 \end{bmatrix}^T$ 绕 y_1 轴旋转 θ_{i1} 角，由于杆 L_2 连接在关节 B，所以相对于杆 L_1 同时绕 y_2 旋转 θ_{i2} 角得到 $\overrightarrow{BC}$，即

$$\overrightarrow{AB} = \begin{bmatrix} \cos\theta_{i1} & 0 & \sin\theta_{i1} \\ 0 & 1 & 0 \\ -\sin\theta_{i1} & 0 & \cos\theta_{i1} \end{bmatrix} \begin{bmatrix} L_1 \\ 0 \\ 0 \end{bmatrix} = \begin{bmatrix} L_1\cos\theta_{i1} \\ 0 \\ -L_1\sin\theta_{i1} \end{bmatrix} \quad\quad (5\text{-}6)$$

$$\overrightarrow{BC} = \begin{bmatrix} \cos\theta_{i1} & 0 & \sin\theta_{i1} \\ 0 & 1 & 0 \\ -\sin\theta_{i1} & 0 & \cos\theta_{i1} \end{bmatrix} \begin{bmatrix} \cos\theta_{i2} & 0 & \sin\theta_{i2} \\ 0 & 1 & 0 \\ -\sin\theta_{i2} & 0 & \cos\theta_{i2} \end{bmatrix} \begin{bmatrix} L_2 \\ 0 \\ 0 \end{bmatrix}$$

$$= \begin{bmatrix} (\cos\theta_{i1}\cos\theta_{i2} - \sin\theta_{i1}\sin\theta_{i2})L_2 \\ 0 \\ (-\sin\theta_{i1}\cos\theta_{i2} - \cos\theta_{i1}\sin\theta_{i2})L_2 \end{bmatrix} = \begin{bmatrix} L_2\cos(\theta_{i1} + \theta_{i2}) \\ 0 \\ -L_2\sin(\theta_{i1} + \theta_{i2}) \end{bmatrix} \quad\quad (5\text{-}7)$$

则左边的表达式为

$$\overrightarrow{AB} + \overrightarrow{BC} = \begin{bmatrix} L_1 \cos \theta_{i1} \\ 0 \\ -L_1 \sin \theta_{i1} \end{bmatrix} + \begin{bmatrix} L_2 \cos(\theta_{i1} + \theta_{i2}) \\ 0 \\ -L_2 \sin(\theta_{i1} + \theta_{i2}) \end{bmatrix}$$

$$= \begin{bmatrix} L_1 \cos \theta_{i1} + L_2 \cos(\theta_{i1} + \theta_{i2}) \\ 0 \\ -L_1 \sin \theta_{i1} - L_2 \sin(\theta_{i1} + \theta_{i2}) \end{bmatrix} \tag{5-8}$$

由上列各式可得

$$\begin{bmatrix} -P_x \cos \alpha_i - P_y \sin \alpha_i + r\cos \gamma - R\cos \alpha_i \\ P_x \sin \alpha_i - P_y \cos \alpha_i - R\sin \alpha_i \\ P_z + r\sin \gamma \end{bmatrix} = \begin{bmatrix} L_1 \cos \theta_{i1} + L_2 \cos(\theta_{i1} + \theta_{i2}) \\ 0 \\ -L_1 \sin \theta_{i1} - L_2 \sin(\theta_{i1} + \theta_{i2}) \end{bmatrix}$$

$$\tag{5-9}$$

由此可得出支链的三个方程为

$$\begin{cases} -P_x \cos \alpha_i - P_y \sin \alpha_i + r\cos \gamma - R\cos \alpha_i = L_1 \cos \theta_{i1} + L_2 \cos(\theta_{i1} + \theta_{i2}) \\ P_x \sin \alpha_i - P_y \cos \alpha_i - R\sin \alpha_i = 0 \\ P_z + r\sin \gamma = -L_1 \sin \theta_{i1} - L_2 \sin(\theta_{i1} + \theta_{i2}) \end{cases}$$

$$\tag{5-10}$$

对于第一条支链，$\alpha_1 = 0°$，驱动臂转角为 θ_{11}，从动臂转角为 θ_{12}，由此可得第一条支链的运动学方程为

$$\begin{cases} P_{1x} = r\cos \gamma - R - L_1 \cos \theta_{11} - L_2 \cos(\theta_{11} + \theta_{12}) \\ P_{1y} = 0 \\ P_{1z} = -L_1 \sin \theta_{11} - L_2 \sin(\theta_{11} + \theta_{12}) - r\sin \gamma \end{cases} \tag{5-11}$$

对于第二条支链，$\alpha_2 = 120°$，驱动臂转角为 θ_{21}，从动臂转角为 θ_{22}，由此可得第二条支链的运动学方程为

$$\begin{cases} -P_{2x} \cos 120° - P_{2y} \sin 120° + r\cos \gamma - R\cos 120° = L_1 \cos \theta_{21} + L_2 \cos(\theta_{21} + \theta_{22}) \\ P_{2x} \sin 120° - P_{2y} \cos 120° - R\sin 120° = 0 \\ P_{2z} + r\sin \gamma = -L_1 \sin \theta_{21} - L_2 \sin(\theta_{21} + \theta_{22}) \end{cases}$$

$$\tag{5-12}$$

即

$$\begin{cases} \dfrac{1}{2} P_{2x} - \dfrac{\sqrt{3}}{2} P_{2y} + r\cos \gamma + \dfrac{1}{2} R = L_1 \cos \theta_{21} + L_2 \cos(\theta_{21} + \theta_{22}) \\ \dfrac{\sqrt{3}}{2} P_{2x} + \dfrac{1}{2} P_{2y} - \dfrac{\sqrt{3}}{2} R = 0 \\ P_{2z} + r\sin \gamma = -L_1 \sin \theta_{21} - L_2 \sin(\theta_{21} + \theta_{22}) \end{cases} \tag{5-13}$$

解得

$$\begin{cases} P_{2x} = \dfrac{1}{2}\left[R + r\cos\gamma - L_1\cos\theta_{21} - L_2\cos(\theta_{21} + \theta_{22})\right] \\[2mm] P_{2y} = \dfrac{\sqrt{3}}{2}\left[R + r\cos\gamma - L_1\cos\theta_{21} - L_2\cos(\theta_{21} + \theta_{22})\right] \\[2mm] P_{2z} = -L_1\sin\theta_{21} - L_2\sin(\theta_{21} + \theta_{22}) - r\sin\gamma \end{cases} \tag{5-14}$$

对于第三条支链，$\alpha_3 = 240°$，驱动臂转角为 θ_{31}，从动臂转角为 θ_{32}，由此可得第三条支链的运动学方程为

$$\begin{cases} -P_{3x}\cos(240°) - P_{3y}\sin(240°) + r\cos\gamma - R\cos(240°) = L_1\cos\theta_{31} + L_2\cos(\theta_{31} + \theta_{32}) \\[2mm] P_{3x}\sin(240°) - P_{3y}\cos(240°) - R\sin(240°) = 0 \\[2mm] P_{3z} + r\sin\gamma = -L_1\sin\theta_{31} - L_2\sin(\theta_{31} + \theta_{32}) \end{cases}$$

$$\tag{5-15}$$

即

$$\begin{cases} \dfrac{1}{2}P_{3x} + \dfrac{\sqrt{3}}{2}P_{3y} + r\cos\gamma + \dfrac{1}{2}R = L_1\cos\theta_{31} + L_2\cos(\theta_{31} + \theta_{32}) \\[2mm] -\dfrac{\sqrt{3}}{2}P_{3x} + \dfrac{1}{2}P_{3y} + \dfrac{\sqrt{3}}{2}R = 0 \\[2mm] P_{3z} + r\sin\gamma = -L_1\sin\theta_{31} - L_2\sin(\theta_{31} + \theta_{32}) \end{cases} \tag{5-16}$$

解得

$$\begin{cases} P_{3x} = \dfrac{1}{2}\left[L_1\cos\theta_{31} + L_2\cos(\theta_{31} + \theta_{32}) - r\cos\gamma + R\right] \\[2mm] P_{3y} = \dfrac{\sqrt{3}}{2}\left[L_1\cos\theta_{31} + L_2\cos(\theta_{31} + \theta_{32}) - r\cos\gamma - R\right] \\[2mm] P_{3z} = -L_1\sin\theta_{31} - L_2\sin(\theta_{31} + \theta_{32}) - r\sin\gamma \end{cases} \tag{5-17}$$

由图 5-2，根据几何关系可得 $\sin\beta = \dfrac{h}{(l/2)} = \dfrac{2h}{l}$。

又 $h = \dfrac{l\sin\beta}{2}$，$\sin\gamma = \dfrac{h}{r}$，所以可得 $\sin\gamma = \dfrac{l\sin\beta}{2r}$。

因此动平台倾斜角 γ 与平行四边形机构的倾斜角 β 之间的变化关系为

$$\gamma = \arcsin(\dfrac{l\sin\beta}{2r}) \tag{5-18}$$

5.3 考虑平行度误差时运动误差分析

理想情况下，动平台与水平面保持平行，即 $\gamma = 0°$。由前面分析结果，通过

计算可得在 x、y、z 三个方向上引起的误差值。

对于第一条支链，在 x、y、z 三个方向上引起的误差值为

$$\begin{cases} \Delta P_{1x} = r - r\cos\gamma = r(1-\cos\gamma) \\ \Delta P_{1y} = 0 - 0 = 0 \\ \Delta P_{1z} = 0 - (-r\sin\gamma) = r\sin\gamma \end{cases} \quad (5-19)$$

对于第二条支链，在 x、y、z 三个方向上引起的误差值为

$$\begin{cases} \Delta P_{2x} = \dfrac{1}{2}(r - r\cos\gamma) = \dfrac{1}{2}r(1-\cos\gamma) \\ \Delta P_{2y} = \dfrac{\sqrt{3}}{2}r(1-\cos\gamma) \\ \Delta P_{2z} = 0 - (-r\sin\gamma) = r\sin\gamma \end{cases} \quad (5-20)$$

对于第三条支链，在 x、y、z 三个方向上引起的误差值为

$$\begin{cases} \Delta P_{3x} = \dfrac{1}{2}[-r-(-r\cos\gamma)] = -\dfrac{1}{2}r(1-\cos\gamma) \\ \Delta P_{3y} = \dfrac{\sqrt{3}}{2}[-r-(-r\cos\gamma)] = -\dfrac{\sqrt{3}}{2}r(1-\cos\gamma) \\ \Delta P_{3z} = 0 - (-r\sin\gamma) = r\sin\gamma \end{cases} \quad (5-21)$$

对于第一条支链，动平台的平行度误差在 x、y、z 三个方向上的误差灵敏度系数为

$$\begin{cases} K_{1x} = \dfrac{\partial \Delta P_{1x}}{\partial \gamma} = r\sin\gamma \\ K_{1y} = \dfrac{\partial \Delta P_{1y}}{\partial \gamma} = 0 \\ K_{1z} = \dfrac{\partial \Delta P_{1z}}{\partial \gamma} = r\cos\gamma \end{cases} \quad (5-22)$$

对于第二条支链，动平台的平行度误差在 x、y、z 三个方向上的误差灵敏度系数为

$$\begin{cases} K_{2x} = \dfrac{\partial \Delta P_{2x}}{\partial \gamma} = \dfrac{1}{2}r\sin\gamma \\ K_{2y} = \dfrac{\partial \Delta P_{2y}}{\partial \gamma} = \dfrac{\sqrt{3}}{2}r\sin\gamma \\ K_{2z} = \dfrac{\partial \Delta P_{2z}}{\partial \gamma} = r\cos\gamma \end{cases} \quad (5-23)$$

对于第三条支链，动平台的平行度误差在 x、y、z 三个方向上的误差灵敏度系数为

$$
\begin{cases}
K_{3x} = \dfrac{\partial \Delta P_{3x}}{\partial \gamma} = -\dfrac{1}{2} r \sin \gamma \\[2mm]
K_{3y} = \dfrac{\partial \Delta P_{3y}}{\partial \gamma} = -\dfrac{\sqrt{3}}{2} r \sin \gamma \\[2mm]
K_{3z} = \dfrac{\partial \Delta P_{3z}}{\partial \gamma} = r \cos \gamma
\end{cases}
\tag{5-24}
$$

5.4　算例分析

　　对考虑平行度误差的 Delta 并联机器人进行误差分析时,继续以实验室的 D3PM-1000 型并联机器人为研究对象。具体的结构参数为:静平台半径 $R=$ 125 mm,动平台半径 $r=50$ mm,主动臂长度 $L_1=400$ mm,从动臂长度 $L_2=950$ mm。三条支链呈120°分布,即三个角度为 $\alpha_1=0°,\alpha_2=120°,\alpha_3=240°$。

　　由于机器人偏转角度较小,不妨取动平台与水平面的倾斜角 γ 的范围为 $\gamma \in [0,0.05\mathrm{rad}]$,用 MATLAB 2014a 进行仿真分析。可得三条支链上动平台与水平面的倾斜角 γ 在 x、y、z 三个方向上引起的误差值变化,如图 5-3～图 5-5 所示。

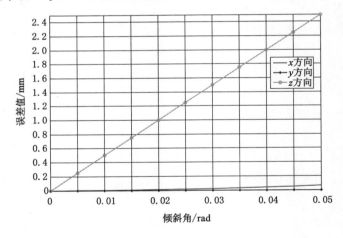

图 5-3　支链 1 的误差变化曲线

　　由图 5-3～图 5-5 可知,随着动平台倾斜角的增大,各支链上引起的误差也随之增大且变化较为明显,即平行度误差对机构运动误差具有较大影响。其中,在 z 方向(即竖直方向)上的影响程度明显大于 x、y 方向(即水平方向)。因此,通过控制平行四边形从动机构的杆长误差和适当提高动平台的刚度等措施有效减小平行度误差,有利于提高运动精度。

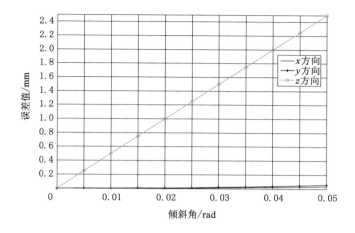

图 5-4　支链 2 的误差变化曲线

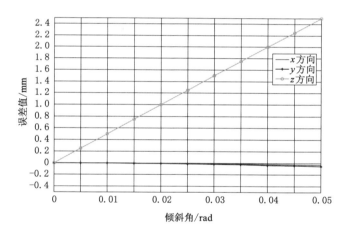

图 5-5　支链 3 的误差变化曲线

　　根据误差灵敏度方程,可得出在 x、y、z 三个方向上,误差灵敏度随倾斜角的变化曲线,如图 5-6～图 5-8 所示。

　　由图 5-6～图 5-8 中的变化曲线可知,在 y 方向上,三条支链的误差灵敏度具有一定的补偿性,在 x 和 z 方向上的误差灵敏度随着倾斜角的增大而增大。

　　根据推算结果可知,$\gamma = \arcsin\left(\dfrac{l\sin\beta}{2r}\right)$。

　　通过测量,横向杆的长度 $l = 120$ mm,又已知 $r = 50$ mm,同样地,不妨取角度 $\beta \in [0, 0.05\text{rad}]$ 进行仿真分析。代入数值,则有

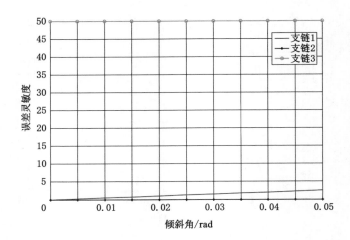

图 5-6 x 方向上误差灵敏度随倾斜角的变化曲线

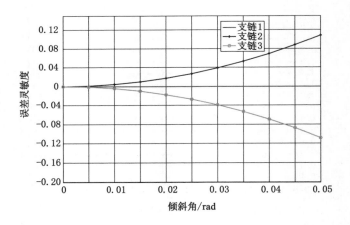

图 5-7 y 方向上误差灵敏度随倾斜角的变化曲线

$$\gamma = \arcsin(\frac{120\sin\beta}{100}) = \arcsin(1 - 2\sin\beta)$$

动平台倾斜角与平行四边形机构的倾斜角之间的变化关系如图 5-9 所示。

图 5-9 反映了动平台平行度误差与平行四边形不平行度之间的变化关系，随着驱动机构的平行度误差的增大，动平台的倾斜角也随之增大，从而增大了末端运动误差。

由式 $\sin\beta = \dfrac{h}{(l/2)} = \dfrac{2h}{l}$ 可得，$\beta = \arcsin(\dfrac{2h}{l})$。

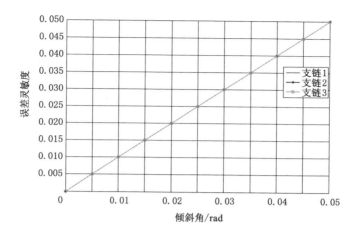

图 5-8 z 方向上误差灵敏度随倾斜角的变化曲线

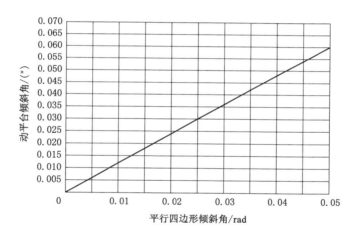

图 5-9 动平台倾斜角与平行四边形机构的倾斜角之间的变化关系

由此可知，β 随着 l 的增大而减小。因此，当因杆长误差导致的平行度误差确定时，可适当增大横向杆的长度 l，这样可以减小驱动机构的倾斜角 β，或者通过控制杆长误差来减小 h，从而降低平行度误差引起的末端位置误差。

此外，通过增加杆件尺寸或者改善材料性能，能够有效提高其弯曲刚度，减小倾斜角误差对运动精度的影响。其中，采用加大杆件尺寸的方式来提高弯曲刚度的效果完全能够抵消掉自重增加产生的影响。

5.5 本章小结

本章分析了从动机构的不平行度对动平台平行度的影响,建立了考虑平行度误差时机器人末端的运动方程和误差模型,分析了平行度误差对运动误差的影响。通过仿真运算得知,平行度误差对机器人运动精度,尤其在 z 方向(竖直方向)具有较大影响。本章的研究内容对 Delta 并联机器人的误差分析进行了一定补充,对机器人运动误差补偿和高精度标定具有重要意义。

6 运动误差补偿与控制

在评估机器人产品性能的各项指标中,运动精度是一项重要的性能参数。但无论在结构组成和系统控制方面,并联机器人都比较复杂。受公差影响,在生产机器人的过程中,各组成构件存在尺寸偏差,组装装配过程也会带来安装误差,这都会引起机构误差。当机器人以较高速度运行工作时,在受到负载作用的情况下,很容易导致运动副发生磨损,形成间隙,带来较大冲击。这种情况下,必然会对机器人末端输出造成影响。于是,需要采取恰当的方式来控制或减小这些因素对精度带来的影响。在引起运动误差的各误差源中,针对结构参数误差,通过提高加工精度等级来控制零件误差的大小不太容易实现或可操作性不强。当要求机器人保证高精度时,这种方式实现起来比较困难,并且成本较大,经济性很差。在实际情况下,基本不采用这种方式来减小运动误差,而是采用其他方法进行误差补偿。因此,研究并联机器人的运动误差补偿,对减小误差、提高运动精度具有重要意义。

误差补偿是指分析机器人末端执行器产生的运动误差,根据误差分析结果和相关数学模型,采用一定方法,对原始误差参数进行修正,再将分析结果和所建模型结合起来,分析运动误差减小的情况。根据这一思想,本书采用迭代补偿法对机器人的结构参数和误差模型进行修正,可有效减小运动误差,使得修正后的运动轨迹更加接近期望轨迹,实现提高精度的目的。

本章首先根据机器人运动误差模型,进行运动误差综合。介绍了误差补偿原理,通过实际算例,利用所采用的误差补偿策略进行分析对比,以此对误差补偿方法的有效性加以验证。最后,基于 LabVIEW 设计出 Delta 并联机器人运动误差补偿程序,通过运动误差补偿界面,直观地反映出误差补偿情况以及机器人运动情况。

6.1 运动误差综合

由于各误差源彼此之间没有相关性或相关性很小,可以视为相互独立,因此,可将各误差因素引起的误差值进行叠加求和,所得到的数值即为机器人末端的运动总误差。将 x、y、z 三个方向上的总误差记为 Δx、Δy、Δz,通过得到多因素综合作用下机器人在工作范围内的定位误差,为运动误差补偿提供了所需要的数据。

对各误差源的影响程度对比分析可知,ΔR_i、Δr_i、ΔL_{i1}、ΔL_{i2}、$\Delta \alpha_i$、$\Delta \theta_{i1}$、R_{ei}、ρ 这八个误差源的误差传递系数比较小,且在三个支链上,这些误差的影响能够相互抵消一部分,具有一定补偿特点。因此,这些因素不是影响机器人运动精度的关键因素,而驱动臂转角 $\Delta \theta_{i1}$ 的误差传递系数明显大于其他误差的误差传递系数,对运动误差的影响比较大,因此需要对其严格控制。由于其他因素主要是机器人的加工制造、装配等导致的结构误差,通过控制加工精度等方法来提高机器人运动精度效果不佳且成本较高,故将各个误差源的误差值进行叠加综合,统一等效到驱动臂转角上,通过控制伺服电机,从而控制驱动臂转角大小及其变化情况,实现机器人运动误差的补偿与控制,提高机器人的运动精度。

6.2　运动误差补偿原理

当机器人末端的运动位置到达期望位置 P 时,根据 P 点的位置坐标,再结合运动逆解方程,就能算出机器人每个关节角度的理论值 θ_{i1}。但是,由于存在各种不同误差因素,对机器人实际运动造成影响。实际的机器人运动模型和期望的模型存在一定偏差,运动模型的不完全相同使得运动轨迹有所偏离,导致机器人不能准确地运动到提前设定的目标位置。因此,当用理想模型进行逆解运算时,得出理想情况下的驱动角 θ_{i1},用此时的角度 θ_{i1} 驱动机器人时,机器人不能到达期望位置 P 处,而是运动到了 P' 位置。实际位置 P' 与期望位置 P 存在偏差,两个位置的坐标差值即为产生的误差,将其记为 ΔP。在 x、y、z 三个方向上的运动误差分别为 Δx、Δy、Δz。为了能够补偿运动模型带来的误差,在期望位置处提前偏置一个补偿量,补偿量的大小为 $-\Delta P$ 或 $-(\Delta x, \Delta y, \Delta z)$,然后,用带有补偿量的位置 $P-\Delta P$ 代替原来的期望位置 P 进行逆运动学计算,这种情况下,得到新的关节角为 θ'_{i1},再用这个角度来驱动机器人。

由于在 $P-\Delta P$ 处会产生新的定位误差 $(\Delta x', \Delta y', \Delta z')$,这个误差会与预偏置的 $(\Delta x, \Delta y, \Delta z)$ 相互抵消一部分,从而使得末端输出的运动误差有所减小,机器人运动的实际位置会向期望位置靠近,将会有效地提高机器人的运动精度。这个补偿过程每完成一次,机器人的运动误差将会得到更进一步的减小。在预先设定运动精度的情况下,对比每次补偿过程完成后,机器人的运动误差情况,即可判断是否达到补偿精度要求。如果初级补偿没有达到所要求的补偿精度,则可以基于第一次补偿执行第二次补偿,每完成一次补偿过程后,机器人运动的实际位置将会不断靠近期望位置,最终,将进一步地满足运动精度要求,这就是迭代误差补偿的原理。可以用框图比较清晰地表示运动误差补偿原理,运动误差补偿原理图如图 6-1 所示,驱动角补偿原理图如图 6-2 所示。

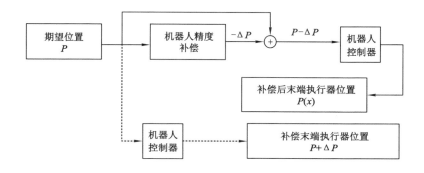

图 6-1　运动位置补偿原理图

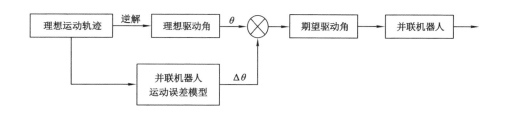

图 6-2　驱动角补偿原理图

给定各误差的原始误差值为 Δ,对各原始误差引起的运动误差求和,即可得到在 x、y、z 三个方向的运动总误差随时间变化为$(\Delta x,\Delta y,\Delta z)$,则将新的运动轨迹方程 $P-(\Delta x,\Delta y,\Delta z)$ 代入逆解方程,求解出驱动臂转角 θ'_{i1}。得到新的驱动臂转角后,用所得到的驱动臂转角减去理论驱动臂转角,即可得到驱动臂转角的误差补偿量,进而可以通过对机器人驱动角进行控制,使得运动误差在一定程度上得以减小,完成设定的补偿目标。

6.3　算例分析

所研究的 Delta 并联机构的结构参数如下：$R=125$ mm,$r=50$ mm,$L_1=400$ mm,$L_2=950$ mm,三个主动臂的分布角分别为 $\alpha_1=0°$,$\alpha_2=120°$,$\alpha_3=240°$。同样地,根据前文的误差分析数据,取机构末端执行器中心点运动轨迹为 $x=$

$50\sin(120°t)$、$y=-50\cos(120°t)+50$、$z=-600-40t$，运动时间为 3 s。机构位置误差与以下误差源有关：ΔR_i、Δr_i、ΔL_{i1}、ΔL_{i2}、$\Delta \alpha_i$、$\Delta \theta_{i1}$、R_{ei}、ρ。各输入误差大小取值如表 6-1 所示。

表 6-1　各输入误差的数值

各原始输入误差（$i=1,2,3$）	数值
静平台尺寸误差 $\Delta R_i/\text{mm}$	0.02
动平台尺寸误差 $\Delta r_i/\text{mm}$	0.02
驱动臂长度误差 $\Delta L_{i1}/\text{mm}$	0.02
从动臂长度误差 $\Delta L_{i2}/\text{mm}$	0.02
方位角安装误差 $\Delta \alpha_i/\text{rad}$	0.02
驱动转角误差 $\Delta \theta_{i1}/\text{rad}$	0.02
转动副间隙误差 R_{ei}/mm	0.02
球铰副间隙误差 ρ/mm	0.02

具体的计算分析步骤按照以下几个方面进行。

（1）求解机器人的驱动臂转角 θ_{i1}

根据机器人的运动逆解方程 $\theta_{i1}=2\arctan\left(\dfrac{-G_{i1}\pm\sqrt{G_{i1}^2-4G_{i2}G_{i0}}}{2G_{i2}}\right)$，在机器人运动学分析部分已经对相关参数进行了说明，代入有关参数，求得驱动臂转角 θ_{i1}。前文中的图 3-3 已经反映了机器人在误差补偿前的驱动臂转角随时间变化情况，此处将其省略。

（2）分析在 x、y、z 三个方向上总误差随时间变化情况

已知表中给定的各原始输入误差数值并结合前面分析结果，由式（4-22）可得在 x、y、z 三个方向上引起的总误差随时间变化规律如图 6-3 所示。

（3）求解新的驱动运动轨迹下的误差补偿量

根据在 x、y、z 三个方向上的误差随时间变化的数据和曲线，将三个方向上误差随时间的变化规律记为 Δx、Δy、Δz。将机器人实际运动轨迹加上一个偏置量 $-\Delta P$，其中，$\Delta P=(\Delta x,\Delta y,\Delta z)$，则机器人末端执行器新的驱动运动轨迹方程为

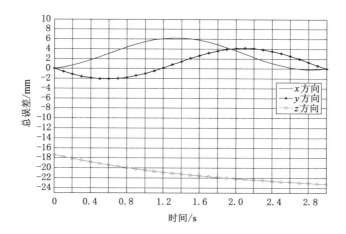

图 6-3 x、y、z 三个方向上总误差随时间变化规律

$$\begin{cases} x' = x - \Delta x \\ y' = y - \Delta y \\ z' = z - \Delta z \end{cases} \qquad (6\text{-}1)$$

当将式(6-1)作为驱动函数时,则可得出并联机器人在 x、y、z 三个方向上误差的补偿量。

产生的运动误差补偿量随时间的变化规律如图 6-4 所示。

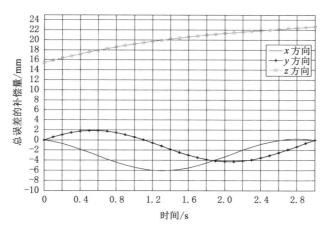

图 6-4   运动误差补偿量随时间变化规律

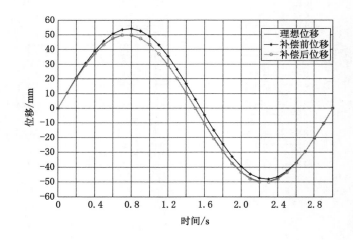

图 6-5　x 方向误差补偿前后的位移曲线

（4）分析误差补偿前后机器人在 x、y、z 三个方向上的运动情况

根据误差补偿原理可得，补偿前后在 x、y、z 三个方向上的位移曲线如图 6-5～图 6-7 所示。

通过误差补偿前后 x、y、z 三个方向上的位移曲线，可知补偿后的运动轨迹接近于机器人的期望位置，故此方法对机器人误差补偿控制具有一定的效果。

（5）分析误差补偿前后机器人驱动臂转角的变化情况

根据补偿后的机器人运动方程结合运动逆解模型，将误差补偿后的运动轨迹方程代入驱动角的求解表达式，可得驱动臂转角随时间的变化情况如图 6-8 所示。

机器人在运动误差补偿前的驱动臂转角变化曲线已经完成了绘制，如图 3-3 所示。为了方便对比，将补偿前和补偿后的驱动臂转角放在一张图上，如图 6-9 所示。

对比图 6-9 可知，补偿前与补偿后驱动臂转角随时间的变化规律一致，比较 MATLAB 所得数值知，补偿前驱动臂转角初始值和终末值分别为 $-44.05°$、$-16.22°$，补偿后驱动臂转角初始值和终末值分别为 $-50.41°$、$-20.50°$，除去原始误差 $\Delta\theta_{i1}=0.02 \text{ rad}=0.02\times57.3°=1.15°$，则起始时驱动臂转角的补偿量为 $50.41°-44.05°-1.15°=5.21°$，终末时驱动臂转角的补偿量为 $20.50°-16.22°$

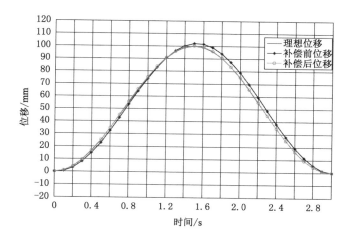

图 6-6 y 方向误差补偿前后的位移曲线

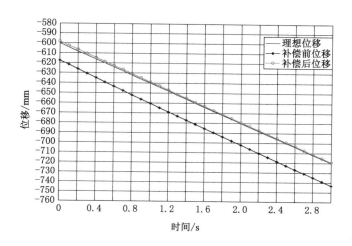

图 6-7 z 方向误差补偿前后的位移曲线

$-1.15°=3.13°$,因此,只需控制驱动臂的转角初始值和终末值即可。根据所得结果通过控制电机运动使其驱动臂的转角达到设定要求。

（7）绘制误差补偿前后机器人的三维空间运动轨迹图

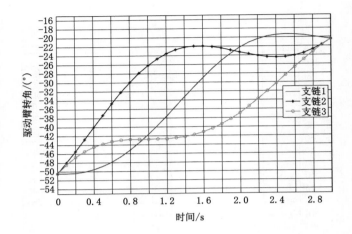

图 6-8　误差补偿后驱动臂转角随时间的变化情况

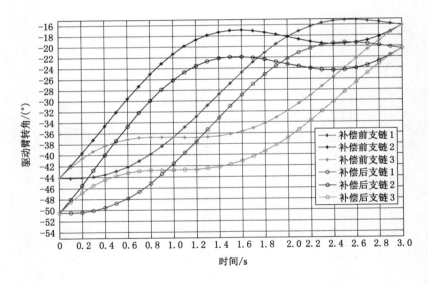

图 6-9　误差补偿前和补偿后驱动臂转角的变化情况

　　为了能更清晰地反映误差补偿前后并联机器人在空间中的运动情况,绘制了机器人的三维运动轨迹图,如图 6-10 所示。

　　根据所采用的误差补偿策略,通过仿真分析,对比误差补偿前后机器人在 x、y、z 三个方向上的位移情况以及在空间的运动轨迹变化,可知补偿后并联机器人的运动轨迹向期望运动轨迹不断靠近,运动误差明显减小。故利用迭代补

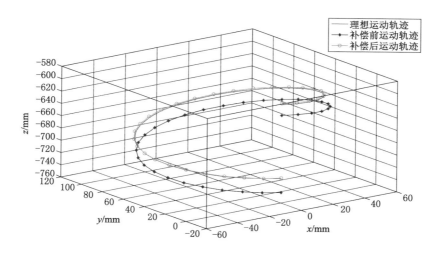

图 6-10　末端执行器补偿前后在空间上的运动轨迹

偿原理,通过控制驱动臂转角能够实现误差补偿和提高机器人的运动精度。接下来,还需要进一步展开驱动臂转角控制方面的研究。

6.4　机器人运动误差补偿程序设计

为了更直观地反映本书误差补偿的研究结果,基于 LabVIEW,联合 MAT-LAB 软件,编写 Delta 并联机器人运动误差补偿程序。

程序编写的具体步骤如下:

(1) 启动 LabVIEW,新建 VI。

(2) Delta 并联机器人运动误差补偿界面设计。

首先用"新式→修饰"将前面板分块,然后用工具选板里的文本功能完成对各分块的命名,将输入控件(包括八个字符串控件、一个确定按钮、三个波形图)以及末端执行器补偿前后运动轨迹图拖入前面板,对控件命名并调整具体位置及大小,最后为界面适当着色。

结合机器人参数,设计出的 Delta 并联机器人运动误差补偿界面如图 6-11所示。

(3) 程序框图编写。

程序循环检查"图像生成"按钮中值改变情况,整个图像生成过程在"图像生成"按钮值改变事件分支里完成。在事件结构中,将四个 MATLAB 脚本节点拖入框图面板,分别添加输入输出,粘贴 MATLAB 程序进节点;将 MATLAB 脚本节点

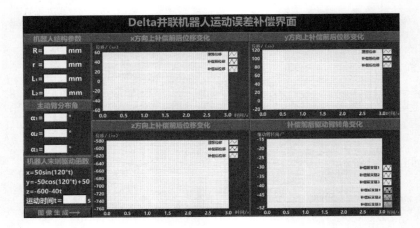

图 6-11　并联机器人运动误差补偿界面布局

输入与由前面板字符串转换而来的数值相连,输出数据类型改为 1-D Array of Complex,然后经创建数组函数输出至波形图,从而得出图像。

单个图像生成功能的数据流结构如图 6-12 所示。

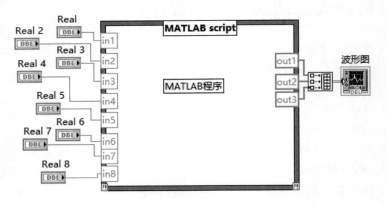

图 6-12　数据流结构

输入 Delta 并联机器人相应参数数据,单击"图像生成"按钮,即可得到误差补偿前后在 x、y、z 三个方向上的运动位移情况和驱动臂转角的变化情况,运行后的补偿界面如图 6-13 所示。

基于 LabVIEW 所设计的界面显示直观,能够根据需求输出对应的误差补偿前后 Delta 并联机器人的运动位移变化情况以及驱动臂转角的变化图像。此

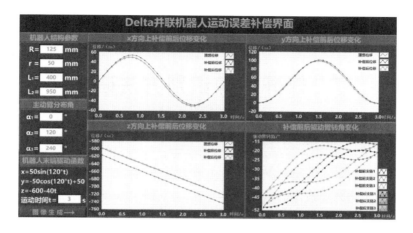

图 6-13　运行后并联机器人运动误差补偿界面

外,虚拟仪器方便同网络、外设及其他应用连接,因此可以实现数据共享,为进一步控制机器人精度提供了有效方法。

6.5　本章小结

本章结合并联机器人运动学模型和误差模型及分析结果,提出了通过控制驱动臂转角大小的方法来实现误差补偿,提高运动精度。首先对各误差源进行运动误差综合,得到了在 x、y、z 三个方向上的总误差变化曲线,设定了机构达到期望位置所需要的预先偏置量,得出运动补偿后新的驱动函数,根据机器人运动方程和逆解模型,求得驱动臂转角。对比分析补偿前后驱动臂转角的变化情况,通过控制驱动转角达到设定要求,有效减小了机器人的运动误差。其次,绘制了误差补偿前后机器人在 x、y、z 三个方向上的位移曲线和空间三维运动轨迹,结果表明,所提的误差补偿策略能够实现误差补偿,有效地提高了运动精度。最后,基于 LabVIEW 设计出了 Delta 并联机器人运动误差补偿程序,直观地反映了误差补偿控制情况及机器人运动情况。

7 煤矸图像识别方法研究

本章主要论述了基于图像识别方法对煤与矸石进行识别分类。采用基于 ROI 和背景差分的方法对具有复杂背景的煤矸图像进行有效图像分割,针对"矸石伪装(矸石上沾有煤粉)"造成识别率不稳定等问题进行了算法改进,同时基于灰度共生矩阵提取煤矸图像纹理特征,最后融合灰度和纹理特征组成特征向量组。利用 SVM 分类器训练样本模型,实现煤矸图像在线识别分类。

7.1 煤矸图像预处理

相机拍摄过程是将实际的景物以转换成图片信息的方式呈现出来。图像采集环境复杂,整个采集到传输过程都会受到周围噪声污染,导致实际输出的图片的质量会出现降低甚至退化。图像预处理实际上就是通过图像复原或增强的运算方法来改善图像本身的缺陷以达到实际研究所需要的精度。因此在特征提取之前先进行图像预处理来消除图像中无用的信息,保留图像细节,从而能够保留有用的图像数据信息,为进一步图像处理做准备,提高可靠性。本书所采用的图像预处理方法有去除噪声的平滑处理和增强对比度的直方图均衡化处理。

7.1.1 图像的平滑处理

噪声干扰一直是降低图像获取质量的主要因素。煤矸分拣环境恶劣,因此在进行图像采集的过程中极易受到所处环境以及采集设备的影响,带来噪声干扰,从而使图像信息受到影响。因此在进行图像分割之前,需对图像进行平滑处理。图像平滑是煤矸识别分拣前期准备工作,其处理效果将影响着后期识别的准确率,在整个煤矸分拣中有着重要作用。

(1) 降低噪声污染,提高分拣图像质量,从而起到图像增强的效果。

(2) 煤表面的微观层存在少量玻璃成分,这些成分会因为色温、光照强度以及光照方向的不同而对煤表面灰度造成影响,从而影响煤表面灰度信息的稳定性。采用图像平滑处理可有效减弱煤中镜质体带来的影响。

(3) 良好的图像平滑处理为后期的煤矸图像分割、特征提取及识别准备了条件。

煤矸分拣所面临的噪声污染主要以点状噪声、脉冲噪声和颗粒噪声为主。解决噪声问题的方法有很多,根据实际工程应用情况,选择中值滤波和自适应中值滤波两种滤波方式,通过对比两种滤波方式的实验效果,选择效果相对较好的滤波方式来完成图像平滑处理。

7.1.1.1 中值滤波算法

中值滤波算法属于非线性滤波算法的范畴,其原理是通过一个选定的二维模板窗口,将图像中每一个像素点的灰度值都设置成这个特定窗口大小领域内的各像素点灰度值的中值。此筛选方式能够使得所选择的图像像素点灰度值更加接近它周围像素点的灰度值,从而消除了孤立的噪声干扰。假定图像中某一点为噪声点,利用选定模板窗口对其处理,其窗口内领域灰度值按从小到大的顺序排列时,孤立的噪声点会被排在两边(噪声点对应的灰度值处于两个极端,要么特别大,要么特别小),因此选出的中值就很好地保留了周围像素点的灰度值信息,进而实现噪声去除。

设二维原始图像为 $f(x,y)$,经过中值滤波后的图像转换成 $g(i,j)$,则表达式可写成

$$g(i,j) = \text{median}[f(i-k,j-l)], (k,l)\varepsilon S \tag{7-1}$$

式中 S——所选窗口尺寸。

由上式可知,中值滤波去噪的效果和所选窗口 S 大小有关。当 S 取得过大时,虽能够得到较好的去噪效果,但也会带来负面影响,造成图像模糊从而丢失部分图像细节信息;当 S 取得过小时,导致噪声点的个数大于窗口内其他像素点的个数,则去噪效果也会显著减弱。因此采用 3×3、5×5、7×7 窗口对煤矸图像进行中值滤波处理,通过比较这三种大小窗口的滤波效果,发现采用 3×3 的方形窗口效果最好,既能达到很好的去噪效果,又能避免图像模糊,从而保留煤矸图像细节信息。

7.1.1.2 自适应中值滤波算法

自适应中值滤波算法实际上是一种具有自主判断窗口对象的像素点是否为脉冲噪声的算法,它能够动态地改变窗口尺寸,使得该算法能够在去噪声的同时又兼顾保留图像的细节信息的能力。当噪声密度出现比较频繁的时候,使用自适应中值滤波的效果会变得更加明显。

其算法主要分为两个层面,分别定义为 A 和 B,其步骤如下。

A:

(1) 计算 $A_1 = Z_{\text{med}} - Z_{\text{min}}$,$A_2 = Z_{\text{med}} - Z_{\text{max}}$;

(2) 若 $A_1 > 0$ 且 $A_2 < 0$,那么转 C;否则转 B。

B：

$Z_{ij}=Z_{med}$，输出 Z_{mvg}；增大窗口 S_{xy} 尺寸。若 $S_{xy}<S_{max}$ 则重复进行 A，否则 B

C：

(1) 计算 $B_1=Z_{ij}-Z_{min}$，$B_2=Z_{ij}-Z_{max}$；

(2) 如果 $B_1>0$ 且 $B_2<0$，那么输出 Z_{ij}；否则输出 Z_{med}。

以上各式中：Z_{min}——S_{xy} 中的最小灰度值；

Z_{max}——S_{xy} 中的最大灰度值；

Z_{med}——S_{xy} 中灰度值的中值；

Z_{ij}——坐标 (i,j) 处的灰度值；

S_{max}——S_{xy} 允许的最大窗口尺寸。

该自适应算法结构流程如上述所示，运用该方法能够较好地减少因去噪声而造成的图像失真现象，有效地保留了图像细节，同时又可以有效减弱煤表面镜质体带来的灰度特征不稳定的影响。

最小化平均误差 MSE 和峰值信噪比 PSNR 是衡量去噪声性能的两个重要指标，本书选取两张煤样本，分别用中值滤波和自适应中值滤波对煤图片进行去噪处理，其结果如表 7-1 和表 7-2 所示。

表 7-1 最小化平均误差 MSE 值

煤样本	中值滤波	自适应中值滤波
M1	10.542	6.620
M2	8.648	6.406

表 7-2 峰值信噪比 PSNR 值

煤样本	中值滤波	自适应中值滤波
M1	38.560	40.980
M2	37.640	39.860

从表中数据可以看出，自适应中值滤波不仅 MSE 值小，而且峰值信噪比高于中值滤波，因此采用自适应中值滤波的方法进行煤矸图像的平滑处理效果更好。

7.1.2 图像的直方图均衡

直方图均衡化常被用于拓宽原始图像的灰度级数，使得原本灰度分布范围较窄的图像的对比度增强,图像因此会变得更加清晰。图像的每个灰度值代表1个灰度级,灰度图像拥有256个灰度级;采用非线性拉伸的方式,使得原本范围较窄的灰度级被均匀分布扩展到0～255个灰度级,每一个灰度级区间所具有的像素个数大致相同,从而使得原本对比度差别较小的图片获得了显著的增强,图片细节变得更清晰。

当灰度级是某时刻取值范围在 $r\in[0,1]$ 的连续的变量时,用 $p_r(r)$ 来表示所给图像的灰度级的概率密度函数。按如下公式对灰度级进行变换处理得到新的灰度级 s 公式如下

$$s = T(r) = \int_0^r p_r(w)\mathrm{d}w \tag{7-2}$$

式中　w——积分函数的虚变量。

可以看出,输出灰度级的概率密度函数是均匀的,即

$$p_s(s) = \begin{cases} 1, & 0 \leqslant s \leqslant 1 \\ 0, & \text{其他} \end{cases} \tag{7-3}$$

灰度均衡处理最终结果是一幅扩展了动态范围的图像,它具有较高的对比度。注意这个变化函数实际上是一个累积分布函数(CFD)。

当灰度级为离散值时,需要采取新的公式来求取离散的灰度级。由前面可知,归一化直方图的各个数值代表着相应灰度级出现的概率。利用离散数值求和公式有

$$s_k = T(r_k) = \sum_{j=0}^k p_r(r_j) = \sum_{j=0}^k \frac{n_j}{n} \tag{7-4}$$

式中　$k=0,1,2\cdots,L-1$;

　　　s_k——处理之后得到的灰度值;

　　　r_k——输入图像的灰度值。

在 MATLAB 工具箱中用 histeq 来实现,其语法为

$$g = \mathrm{histeq}(f,\mathrm{nlev}) \tag{7-5}$$

其中　nlev——所操作图像的最大的灰度级数;

　　　f——输入图像。

图 7-1 所示是煤与矸石进行直方图均衡化处理前后的灰度分布情况。通过对比图像直方图均衡化前后的灰度分布情况,可以显著地看出图像中煤的灰度级由原来的 0～80 拓宽至 0～255,同样矸石的灰度级也从原来的 50～150 拓宽至 0～255,整个图像的灰度级动态变化范围显著增加,从而提高了整个煤矸图像的对比度。

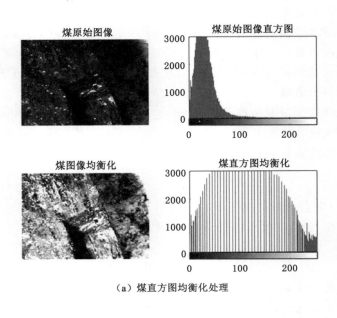

（a）煤直方图均衡化处理

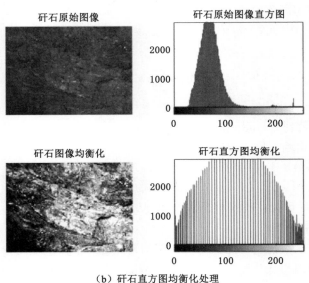

（b）矸石直方图均衡化处理

图 7-1 煤、矸石直方图均衡化处理前后的灰度分布情况

7.2　煤矸图像分割

图像分割是指通过图像算法将被识别物体从背景图像中分割出来,是煤与矸石在线分拣过程中非常重要的环节。图像分割的目标是将真实物体或具有很强相关性区域划分出来。实际煤矸分拣环境下,煤和矸石通过传送带一起从井下运输上来,通过排队机构,进入图像识别分拣区域,造成图像采集区域拍摄的图片不仅有煤和矸石,还伴随着传送带背景。传送带背景的干扰,会对后续进一步图像处理造成识别困难,因此通过图像分割技术准确地将煤和矸石分割出来再进行后续的图像处理,对整个煤矸分拣系统识别的准确性提高具有重要作用。

7.2.1　Otsu 阈值分割法

阈值分割是机器视觉领域中非常普遍且重要的图像分割方法,因此选取合适阈值对于最后分割的效果起到决定性的作用。在众多阈值分割的方法中,Otsu 算法是最为常用的算法之一。该算法不仅操作简单,而且鲁棒性好,不受图像亮度和对比度影响,因此算法稳定性高且效果好。本书采用 Otsu 阈值分割的方法,该算法通过目标函数优化得到一个最佳阈值 T 来使得最大类间的方差实现最小化。

该算法实质是将图像分为背景和筛选的目标两个组成部分,从而将图像分割问题转换成寻找一个最佳阈值,使得背景与目标之间的类间方差最大的目标函数优化的数学问题。这样使得算法易于实现且计算简单。其公式的推导如下。

图像灰度值出现概率可表示为

$$P_k = \frac{n_k}{N} \tag{7-6}$$

式中　$k = 0, 1, 2 \cdots, L-1$;

n_k——具有灰度级 k 的像素数量;

N——图像中像素的总数;

L——图像中可能的灰度级总数。

对于 P_k 则有

$$\sum_{k=0}^{255} P_k = 1 \tag{7-7}$$

经过以上操作,选择最佳阈值 T,利用该阈值可将整个灰度图像分成两个像素区域。像素值的灰度值在区间 $[0, T-1]$ 构成像素组区域 R_1,像素值的灰度值

在区间$[T,255]$构成像素组区域R_2，由概率统计学的知识求得这两个区域的概率分别为

$$P_{R_1} = \sum_{k=0}^{T-1} P_k \qquad (7\text{-}8)$$

$$P_{R_2} = \sum_{k=T}^{255} P_k \qquad (7\text{-}9)$$

再分别求取这两个区域的灰度平均值分别为

$$\mu_{R_1} = \frac{1}{P_{R_1}} \sum_{k=0}^{T-1} kP_k \qquad (7\text{-}10)$$

$$\mu_{R_2} = \frac{1}{P_{R_2}} \sum_{k=T}^{255} kP_k \qquad (7\text{-}11)$$

整幅图像的灰度平均值μ为：

$$\mu = \sum_{k=0}^{255} P_k = \sum_{k=0}^{T-1} kP_k + \sum_{k=T}^{255} k\,P_k = \mu_{R_1} P_{R_1} + \mu_{R_2}\,P_{R_2} \qquad (7\text{-}12)$$

则区域R_1和R_2的总方差为：

$$\delta^2 = P_{R_1}\,(\mu_{R_1} - \mu)^2 + P_{R_2}\,(\mu_{R_2} - \mu)^2 = P_{R_1 P_{R_2}}\,(\mu_{R_1} - \mu_{R_2})^2 \qquad (7\text{-}13)$$

因此由上式可知，求取最佳阈值T实际可转化为求在参数设计变量$T \in [0,255]$约束条件下优化设计问题

$$\begin{cases} \max f(T) = P_{R_1}\,(\mu_{R_1} - \mu)^2 + P_{R_2}\,(\mu_{R_2} - \mu)^2 = P_{R_1 P_{R_2}}\,(\mu_{R_1} - \mu_{R_2})^2 \\ T \in [0,255] \end{cases}$$

$$(7\text{-}14)$$

因此本书在 Otsu 阈值分割法的基础上对煤矸图像进行阈值处理，取得合适的自适应阈值S_T，在进行背景分割时，将比S_T大的白色区域表示成煤与矸石部分，而比S_T小的则被视为背景部分。

7.2.2　形态学处理

实际工况下，煤与矸石在传送带运输过程中由于物理碰撞造成煤与矸石的碎块会随着传送带一起进入视觉分拣区域。细小的碎块由于和煤或矸石具有相同的灰度特征，因此仅通过上述自适应阈值法无法将这些碎块有效地分割。这些碎块对后面的质心和特征参数提取的准确性造成影响，从而进一步影响分类识别率。利用形态学处理方法，有效地去除煤或矸石轮廓周边的碎块的影响，完成对煤或矸石的进一步分割。

形态学图像处理利用设定的模板来对待处理图像进行相应的形态学代数运算，常用的四个基本的形态学运算有膨胀（或扩张）、腐蚀（或侵蚀）、开启和闭合，

这些运算在二值图和灰度图中应用十分广泛。同时在这些运算的基础上,进一步推导和相互组合衍生出各种其他有效的算法,例如开运算、闭运算。

开运算＝先腐蚀运算,再膨胀运算(看上去把细微连在一起的两块目标分开了),如图 7-2 所示。

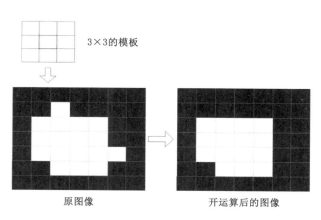

图 7-2　开运算示意图

闭运算＝先膨胀运算,再腐蚀运算(看上去将两个细微连接的图块封闭在一起),如图 7-3 所示。

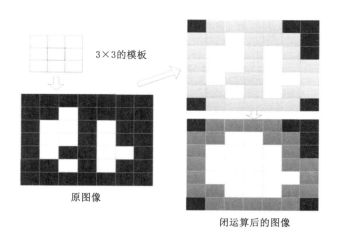

图 7-3　闭运算示意图

形态学算法处理主要用来对图像的结构和形状进行进一步的改变以达到理想的处理效果。

7.2.3　基于 ROI 和背景差分法完成图像分割

ROI(region of interest)，意为感兴趣区域。机器视觉、图像处理中，常需要从一张图像中提出需要处理的区域，通常会以方框、圆、椭圆、不规则多边形等几何形状来勾勒出这些区域，这些被勾勒出来的区域就称为感兴趣区域 ROI。在 Halcon、OpenCV、MATLAB 等机器视觉软件上常用到各种算子（Operator）和函数来求得感兴趣区域 ROI，并进行图像的下一步处理。

（1）采集到的图片中包含有复杂的背景部分，而此背景区域属于图像分割过程中需要去除的部分。煤矸图像采集时相机和传送带背景的位置都是固定不变的，因此采用 ROI 的方法在图像采集区域中选取指定处理区域，该区域属于需要进行图像处理的工作区域。选择该区域能够避免复杂背景带来的干扰，提高了后期图像分割效率。

如图 7-4 所示，图像传送带两边金属框为煤矸在传送带位置范围之外的区域，因此本书采用矩形 ROI 将传送带上煤矸可能出现的位置区域用矩形框圈出来，并只对矩形框内区域做进一步的图像处理。

（2）背景差分法图像分割

相机采集得到的图像中，当没有运动的目标物体存在且周围光照相对稳定时，该图像的整体灰度值将呈现出随机概率分布的特征。这些灰度值随着周围采集噪声污染，会出现小范围的随机振荡，这种场景称作"背景"。

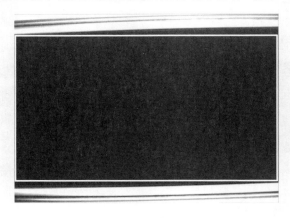

图 7-4　ROI 区域示意图

背景差分法对于运动目标检测技术有着十分广泛的应用,其算法思路与帧间差分法类似。先建立背景图像的数学模型记为背景图像帧 A,相机实时采集的当前图像帧记作图像帧 F_n,因此背景帧和当前帧对应的像素灰度值可以表示为 $A(x,y)$ 和 $F_n(x,y)$,则差分图像对应点的像素值 D_n 为

$$D_n(x,y) = \left| F_n(x,y) - A(x,y) \right| \tag{7-15}$$

将差分区域图像进行灰度线性拉伸,使得差分图像中的灰度值都处于 $0\sim255$ 范围内,此时选取 ROI 区域,并在 ROI 区域内进行 Otsu 阈值分割得到阈值 T。利用得到的阈值逐个对像素点进行二值化,得到阈值分割后的二值化图像 D'_n,此时灰度值在 $[T,255]$ 区域内的点即为煤矸区域像素点,灰度值在 $[0,T-1]$ 区域内的点即为背景点;对阈值分割后的二值图 D'_n 做形态学处理得到 R_n,再通过邻域法进行连通性分析,最终得到完整的煤矸图像目标区域。整个煤矸图像分割过程如图 7-5 所示。

7.2.4　特征区域选择

通过上述形态学处理后,此时通过质心法求取煤与矸石的质心位置(该质心位置既是后期机器人抓取位置点,也是后面局部纹理特征提取的参考点)

$$m_{pq} = \sum_{j=1}^{M} \sum_{i=1}^{N} i^p j^q f(i,j) \tag{7-16}$$

$$i_c = \frac{m_{10}}{m_{00}} \tag{7-17}$$

式中　　$p \in [0,1], q \in [0,1]$;

　　　　M,N——煤或矸石的最小外接矩形面积;

　　　　$f(i,j) \in [0,1]$——该位置的像素值;

　　　　(i_c,j_c)——质心坐标。

煤和矸石在传送运输过程中会不可避免地发生碰撞,特别是周边较脆弱的轮廓部分因为物理应力作用导致不同程度的断裂、磨损,如果将整个煤矸图像作为特征求取区域,会不可避免地引入一些特征干扰项。本书通过选取部分尺寸 256×256 作为特征区域,如图 7-6 所示,并以矩形的中心为质心位置。将该特征区域灰度化后,此时求取区域内的平均像素值为

$$\mu = \frac{1}{MN} \sum_{j=1}^{M} \sum_{i=1}^{N} f(i,j) \tag{7-18}$$

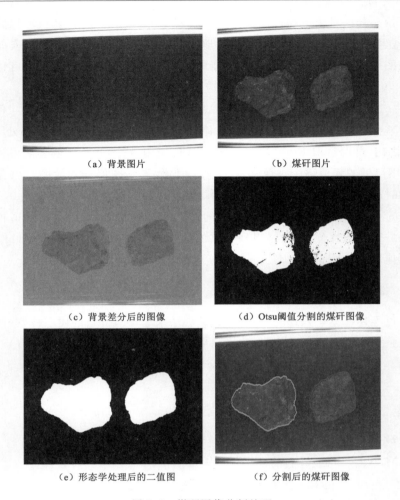

（a）背景图片　　　　　　　　　　（b）煤矸图片

（c）背景差分后的图像　　　　　　（d）Otsu阈值分割的煤矸图像

（e）形态学处理后的二值图　　　　（f）分割后的煤矸图像

图 7-5　煤矸图像分割处理

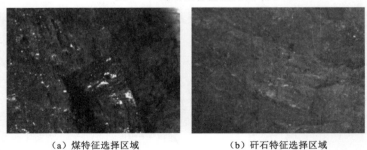

（a）煤特征选择区域　　　　　　　（b）矸石特征选择区域

图 7-6　煤与矸石特征选择区域

7.3 基于灰度直方图的煤与矸石灰度特征提取

7.3.1 基于灰度直方图的灰度特征

通常情况下,煤与矸石外观呈现出不同的表现形式。煤的外观相对于矸石要更黑一些,当用相同的光源对煤与矸石进行打光时,矸石区域整体灰度值相对于煤要高一些,因此整体的灰度级要比煤高一些。下面为描述直方图分布的方法,采用中心距的方式,主要表示方式为

$$\mu_n = \sum_{i=0}^{L-1} (z_i - m)^n P(z_i) \qquad (7\text{-}19)$$

式中 L——灰度级数目;

      z_i——图像灰度级的一个离散变量;

      m——灰度均值;

      n——矩的阶;

      $P(z_i)$——图像灰度级z_i的概率分布估计值。

$$m = \sum_{i=0}^{L-1} z_i P(z_i) \qquad (7\text{-}20)$$

本书基于灰度直方图统计矩提取灰度信息特征参数如表 7-3 所示。

表 7-3   灰度信息参数

矩	表 达 式	基于灰度直方图提取的灰度信息特征
均值	$m = \sum_{i=0}^{L-1} z_i P(z_i)$	平均灰度测度
标准差	$\delta = \sqrt{\mu_2}$	平均对比度测度
平滑度	$R = 1 - 1/(1+\sigma^2)$	区域中灰度的相对平滑度测度。对于恒定灰度区域,R 为 0;对于其灰度级的值的最大偏离区域,R 近似为 1。实践中,该测度中使用的方差δ^2 被归一化到区间$[0,1]$,方法是将它除以$(L-1)^2$
三阶矩	$\mu_3 = \sum_{i=0}^{L-1} (z_i - m)^3 P(z_i)$	直方图偏斜度的测度。对于对称直方图,该测度为 0;关于均值右偏的直方图,该测度为正;关于均值左偏的直方图,该测度为负。通过将μ_3 除以$(L-1)^2$(归一化方差时使用了相同的除法),该测度的值可划到与其他 5 个测度相比较的取值范围

7.3.2 灰度提取实验分析

本书对所选取的煤和矸石样本进行灰度特征选取，所得结果如图 7-7 所示。

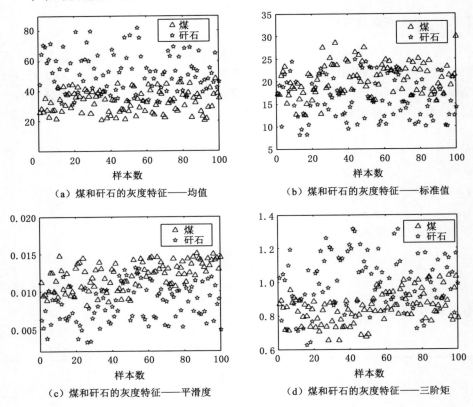

（a）煤和矸石的灰度特征——均值　　　　　（b）煤和矸石的灰度特征——标准值

（c）煤和矸石的灰度特征——平滑度　　　　　（d）煤和矸石的灰度特征——三阶矩

图 7-7　煤和矸石图像灰度特征统计图

从图中可以看出，基于灰度直方图提取的均值、标准差、平滑度以及三阶矩的灰度特征重合区域比较明显，其中矸石特征变化范围较大，呈现出灰度特征值不稳定的现象；煤的变化特征范围较小，少量几个煤样本灰度特征值出现较大波动。造成图中特征值分布情况主要有两个原因：

（1）煤表面的微观层存在少量玻璃成分，这些成分会因为色温、光强以及光照方向的不同而对煤表面灰度造成影响，从而影响煤表面灰度信息的稳定性。

（2）矸石由于和煤一起通过筛分系统进入分拣区域，矸石的表面不可避免地会沾有少部分煤粉，这些煤粉沾在矸石的表面掩盖了矸石本身的灰度信息。

　　煤中镜质体(微观层面中的玻璃成分)在光照下由于反光呈现的灰度值要偏高,而矸石中沾有煤粉的区域灰度值比未沾煤粉的区域灰度值要低很多。图像预处理中的自适应中值滤波算法可有效减轻煤中镜质体的干扰,从而使得煤的灰度特征维持稳定。而"伪矸石"现象可采用直方图均衡化后筛选阈值的方式选择灰度特征相对稳定的未沾煤尘的区域集合。通过对该区域集合分别求取灰度特征并用特征值的均值代替图像灰度特征。其步骤如下:

　　(1) 对筛选的特征区域做直方图均衡化处理,使得煤和矸石的灰度级数从原来的基础上扩充至 $0\sim255$,增强了图像对比度。

　　(2) 处理后的矸石图像未沾煤尘区域与裸露矸石区域之间的对比度被增强,通过阈值分割的方法选取合适的阈值 T 能够将矸石图像分成两个部分。灰度值在 $[0,T-1]$ 区间的为沾有煤粉区域集合 S_1,灰度值在 $[T,255]$ 区间的为矸石裸露区域集合 S_2。此时的区域集合 S_2 即为矸石灰度特性稳定区域,如图 7-8 所示。

图 7-8　矸石灰度特性稳定区域

　　(3) 在原始特征区域图像中截取矸石裸露区域集合 S_2,分别求取区域集合 S_2 内每一个子区域的灰度特征,求取每项灰度特征值的均值作为最后的结果。其中灰度特征值计算公式如下。

　　灰度均值:

$$m' = \frac{1}{N}\sum_{n=0}^{N-1}\sum_{i=0}^{L-1} z_i P(z_i) \tag{7-21}$$

式中　N——区域集合 S_2 中所含灰度特征值的个数。

　　标准值:

$$\delta' = \frac{1}{N} \sum_{n=0}^{N-1} \sum_{i=0}^{L-1} \sqrt{\mu_2} \qquad (7-22)$$

平滑度：

$$R' = \frac{1}{N} \sum_{n=0}^{N-1} \left[1 - \frac{1}{1+\mu_2} \right] \qquad (7-23)$$

三阶矩：

$$\mu_3' = \frac{1}{N} \sum_{n=0}^{N-1} \sum_{i=0}^{L-1} (z_i - m)^3 P(z_i) \qquad (7-24)$$

按上述方法对煤与矸石图像筛选的连通域集合分别重新提取灰度特征均值和标准值，并对其求平均值作为煤矸图像的最终灰度特征参数，得到如图 7-9 所示区域筛选后煤和矸石图像的灰度特征。

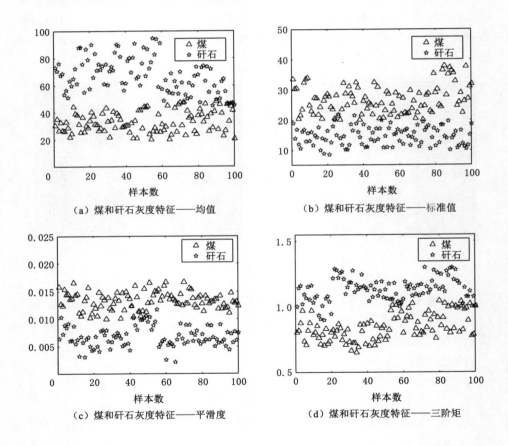

（a）煤和矸石灰度特征——均值

（b）煤和矸石灰度特征——标准值

（c）煤和矸石灰度特征——平滑度

（d）煤和矸石灰度特征——三阶矩

图 7-9　区域筛选后煤和矸石图像的灰度特征

如图 7-9 所示,基于直方图均衡化后筛选阈值分割得到的特征区域中煤的灰度均值整体降低,矸石的灰度均值整体提高,灰度特征值变化范围显著降低,煤与矸石灰度特征重合区间显著降低,差异性逐渐增大,呈现出较好的可分性。

因此按照上述算法流程整理得到基于灰度直方图的煤矸灰度特征的整个算法流程如图 7-10 所示。

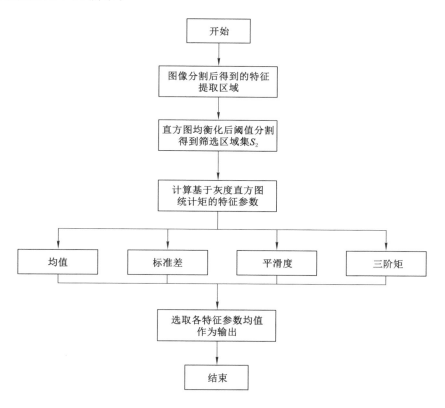

图 7-10   灰度特征参数提取流程图

7.4   基于灰度共生矩阵的煤与矸石纹理特征提取

7.4.1   灰度共生矩阵介绍

图像的纹理是由图像不同像素点位置灰度值分布形成的,空间位置里两个特定的像素点之间存在一定的灰度关系,这种灰度关系可以用灰度共生矩阵来表达,使得空间上的像素点具备了空间相关特征,这种特征可用来描述纹理。

假设图像中的两个像素之间存在一个相对位置关系并用 O 来表示。假设有一副二维数字图像 $f(x,y)$,其最高灰度级数为 L,是一个 $M \times N$ 的矩阵。假设一个矩阵 G(其大小由灰度级数 L 决定,为 $L \times L$),其元素 g_{ij} 是灰度为 z_i 和 z_j 的像素对出现在图像 $f(x,y)$ 中由 O 所指定的位置处的次数,其中 $1 \leqslant I,j \leqslant L$。按照以上这种方式形成的矩阵 G 称为灰度共生矩阵。

图 7-11 显示了用 $L=8$ 和一个位置算子 O(定义为右侧紧靠的一个像素)来构建一个灰度共生矩阵的例子。图中左边为原始图像数组,右侧数组是矩阵 G。从图中可以看出 G 的元素(1,1)是 1,这是因为在 $f(x,y)$ 中左右侧像素值都为 1 的情况仅出现过一次。同理,G 的元素(1,2)是 2,因为左侧是 1、右侧是 2 的情况出现过两次。按照此类方式依次类推,计算出其他 G 的元素。通过对算子 O 的不同定义,我们可以得到不同的共生矩阵。

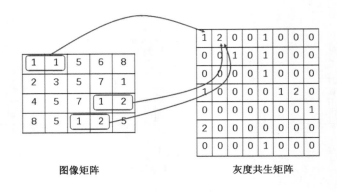

图像矩阵   灰度共生矩阵

图 7-11 灰度共生矩阵原理图

在实际应用过程中,我们用 d 和 θ 组合的形式来表示两像素之间的灰度关联性,即两像素位置关系表达式 $O=(d,\theta)$。其中 d 表示两像素之间的距离,θ 表示两像素之间的倾角。所以灰度共生矩阵可以看作是图像灰度在特定方向和距离上变化幅度的信息表示。在已知的图像数组中选取一个像素点坐标 (x,y),用 i 来表示该点的灰度值,这样与该点相差一个 O 关系式的另一个像素点坐标为 $(x+a,y+b)$,这时的像素值为 j,其中 a、b 与 d 和 θ 有关$(a=d\cos\theta; b=\sin\theta)$,则用灰度共生矩阵的数学定义

$$P(i,j,d,\theta) = \{[(x,y),(x+a,y+b) \mid f(x,y)=i, f(x+a,y+b)=j]\}$$

$$(7\text{-}25)$$

一般情况下 $d=1, \theta=0°$、$45°$、$90°$ 和 $135°$。因此在进行灰度共生矩阵计算时必须确定间隔距离 d 和角度方向 θ，从而得到一个具有固定位置关系的灰度共生矩阵 $\boldsymbol{P}$

$$\boldsymbol{P} = \begin{bmatrix} P(0,0) & P(0,1) & \cdots & P(0,j) & \cdots & P(0,L-1) \\ P(1,0) & P(1,1) & \cdots & P(1,j) & \cdots & P(1,L-1) \\ \cdots & \cdots & \cdots & \cdots & & \cdots \\ P(L-1,0) & P(L-1,1) & \cdots & P(L-1,j) & \cdots & P(L-1,L-1) \end{bmatrix}$$

$$(7\text{-}26)$$

如上式所示，GLCM(灰度共生矩阵)中每一个元素表示灰度为 (i,j) 出现的次数，例如灰度值为 i 的像素点，在距它间隔 d 且角度为 θ 的像素点的灰度值为 j，则 $P(i,j)$ 表示这种组合像素点组出现的次数。

7.4.2　基于灰度共生矩阵提取纹理特征

在实际工程应用中，我们并没有直接利用 GLCM 来代替纹理特征，而是在这基础之上获得描述纹理特征的参数。目前应用最广泛的 GLCM 特征参数是由 Haralick 等人提出的，其提出的 14 种特征参数在 GLCM 的基础上完成了对纹理特征的描述。然而，在实际应用过程中并非所有的特征参数都需使用。考虑到这 14 中参数之间有一定的相关性，且具有关联性的参数会增加后期分类的复杂程度，因此选择没有相关度的 4 个特征参数作为纹理特征，分别是对比度(Contrast)、相关性(Correlation)、能量(Energy)、同质性(Homogeneity)，其相关定义如表 7-4 所示。采用这四个纹理特征参数能有效降低计算量，进而提高了识别效率。

表 7-4　纹理特征参数介绍

属性	描述	公式
Contrast	该值主要用来度量图像中局部变化情况，即图像的清晰度和纹理中沟纹的深浅程度。其值越大，说明沟纹越深，视觉效果越明显；反之，其值越小说明沟纹越浅，纹理越不明显	$N = \sum_{i=0}^{L-1} \sum_{j=0}^{L-1} \left[(i-j)^2 \times P^2(i,j,d,\theta) \right]$
Correlation	该值主要反映的是图像中某一个像素点与其相邻像素(行或者列方向上)彼此关联程度，该值越大表明图像局部相关性也越大	$R = \sum_{i=0}^{L-1} \sum_{j=0}^{L-1} ijP(i,j,d,\theta) - \mu_1 \mu_2$

表 7-4(续)

属性	描述	公式
Energy	该值主要反映图像灰度变化的稳定程度,其值越大表示灰度分布越不稳定,纹理越粗糙	$E = \sum\limits_{i=0}^{L-1} \sum\limits_{j=0}^{L-1} P(i,j,d,\theta)^2$
Homogeneity	该值主要反映灰度共生矩阵中元素分布与对角线元素的紧密程度,其值越大表明图像灰度分布越紧密,内容也就越复杂	$H = \sum\limits_{i=0}^{L-1} \sum\limits_{j=0}^{L-1} \dfrac{P(i,j,d,\theta)}{1+|i-j|}$
All	计算所有属性	

利用 GLCM 提取上述四种特征参数,并做归一化处理,即

$$P(i,j,d,\theta) = \frac{P(i,j,d,\theta)}{R} \tag{7-27}$$

式中　R——GLCM 中所有元素数值求和。

表 7-4 中:

$$\mu_1 = \sum_{i=0}^{L-1} i \sum_{j=0}^{L-1} P(i,j,d,\theta)$$

$$\mu_2 = \sum_{i=0}^{L-1} j \sum_{j=0}^{L-1} P(i,j,d,\theta)$$

$$\delta_1{}^2 = \sum_{i=0}^{L-1} (i-\mu_1)^2 \sum_{j=0}^{L-1} P(i,j,d,\theta)$$

$$\delta_2{}^2 = \sum_{j=0}^{L-1} (j-\mu_2)^2 \sum_{i=0}^{L-1} P(i,j,d,\theta)$$

由灰度共生矩阵表达式可以看出,灰度共生矩阵与间隔距离 d 和角度方向 θ 有关,因此取不同的角度方向 θ 会产生不同的灰度共生矩阵,进而也会对基于灰度共生矩阵求取的纹理特征参数值造成影响。煤与矸石在传送带上摆放的位置具有随机性,因此为了解决方向因素带来的影响,根据灰度共生矩阵对称结构特性,本书只需对0°~135°按45°为间隔依次计算灰度共生矩阵,在得到的四个灰度共生矩阵的基础上分别求取纹理特征参数,最后利用四个方向上得到的纹理特征参数的平均值作为最终的特征参数。其公式如下

$$\overline{M} = \frac{1}{4} \sum_{i=1}^{4} M_i \tag{7-28}$$

其中 $i=1$、2、3、4 分别表示0°、45°、90°和135°四个方向,M_i 分别表示这四个方向的特征值。

7.4.3 基于灰度共生矩阵的特征参数提取实验

结合上述纹理特征的相关定义,对现有的样本数据按照上述特征得提取方式提取煤与矸石图像的纹理特征,其结果统计如图7-12所示。

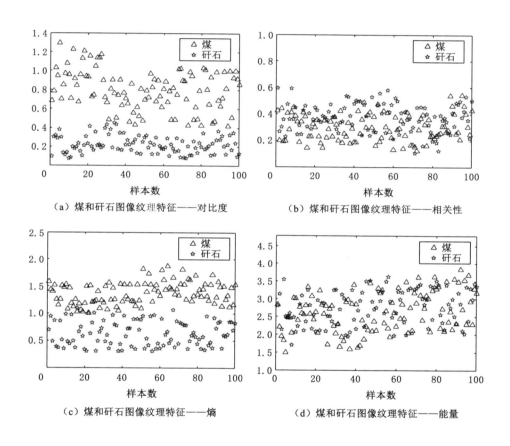

（a）煤和矸石图像纹理特征——对比度

（b）煤和矸石图像纹理特征——相关性

（c）煤和矸石图像纹理特征——熵

（d）煤和矸石图像纹理特征——能量

图7-12　煤和矸石图像纹理特征统计图

从图7-12中可以看出,煤矸图像纹理特征具有较好的差异性,其中对比度、熵特征值重合区域较少,表现出较强的可分性,因此可以将这两个纹理特征作为煤矸识别的特征向量。

因此,按照上述算法流程整理得到基于灰度共生矩阵的煤矸灰度特征的整个算法流程如图7-13所示。

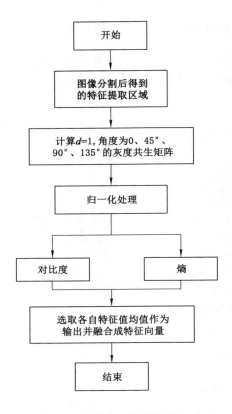

图 7-13　灰度纹理特征提取流程

7.5　支持向量机煤与矸石识别方法

　　支持向量机是一种广泛应用于模式识别问题的常用机器学习方法之一,其表现为通过机器学习的方式来对样本数据进行线性分类。其基本原理是通过学习样本数据,来确定一个决策边界,此边界就是通过样本数据不断监督学习后所求得的最大边距超平面。

　　煤矸特征向量组合成的特征向量组,采用支持向量机处理时只能计算特征向量之间的点积,因此通过引入核函数,可以将点积运算用内核函数替换,于是内核函数将会在更高维的特征空间中执行相应的点积运算。因此,通过选择合适的核函数变换样本,将原本不可线性分离的分类任务在高维空间中实现线性可分。

7.5.1 核函数选择

核函数是解决"维数灾难"的一剂良药,能够有效通过改变数据空间维度由低至高,并在此基础上得到一个最优的超平面。本书采用径向基核函数,其表达式如下

$$k(x,x') = \exp\left(-\frac{\|x-x'\|^2}{\delta^2}\right) \tag{7-29}$$

式中 δ——宽泛参数。

径向基核函数是目前应用最为广泛的核函数,具有应用范围广、局部处理能力强等特点,能够将线性不可分问题向高维空间转化,使其变得线性可分。中国矿业大学孙继平教授团队在进行煤矸分拣研究过程中对支持向量机的核函数进行了分析研究,通过对几种常用核函数性能的对比研究发现采用径向基核函数在煤矸分拣中效果最好,所需要的参数较少,使得识别算法程序的复杂度显著降低。因此,本书选用径向基核函数来作为分类的核函数。

7.5.2 参数优化

通过对煤与矸石选取的特征参数分析发现,分类样本数据属于非线性不可分问题。本书选择径向基核函数,影响分类效果的参数有宽泛参数 δ 和惩罚参数 C。其中 δ 主要对基核函数起作用,能够通过控制核函数来影响整个分类器的性能:当 $\delta \leqslant \min\{\|x_i - x_j\|\}$ 时,训练样本能够被准确地分类,形成支持向量,被称为"过度拟合";而当 $\delta \geqslant \min\{\|x_i - x_j\|\}$ 时,此时向量机丧失了分类识别的学习能力,无法准确地完成分类任务。惩罚参数 C 也是核函数中非常重要的参数,C 的取值越大样本识别错误的惩罚程度也会变大,相应的算法吸取经验能力增强,效果也相对稳定,但是随之也会带来算法的复杂程度和泛化能力的进一步减弱。因此,选取适当的惩罚参数 C 既能够有效维持分类器准确性,又能降低算法复杂度。

综上所述,本书选择 K 折交叉验证(K-CV)的方法来验证不同参数对分类识别的准确率的影响,其原理如下:

(1) 将全部训练集 S 分成 k 个不相交的子集,假设 S 中的训练样例个数为 m,那么每一个子集有 m/k 个训练样例,相应的子集称作 $\{s1, s2, \cdots, sk\}$。

(2) 每次从分好的子集中拿出一个作为测试集,其他 $k-1$ 个作为训练集。

(3) 根据训练出的模型或者假设函数,将模型放到测试集上,得到分类率。

（4）计算 k 次求得的分类率的平均值，作为该模型或者假设函数的真实分类率。

在上述基础上，采用网络搜索法的 SVM 参数优化算法，通过在一定范围内取定 δ 与 C 的值，并在 K-CV 方法下求得该分类模型的识别率。初始设定优化参数 δ 与 C 的搜索范围分别为 $\delta \in [2^{-10}, 2^7]$、$C \in [2^{-10}, 2^3]$，步距 0.1。通过网络搜索方法，得到 SVM 参数选择结果如图 7-14 所示。

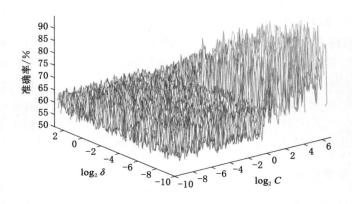

图 7-14　SVM 参数选择结果

从图 7-14 中可以看出，当 $\delta = 0.044, C = 1.638\ 4$ 时，在 K-CV 方法下求得该分类模型的识别率最高为 94.5%。根据所选择的优化参数可得到煤矸样本图像的识别模型

$$D(x) = \text{sgn} \left[\sum_{i=0}^{n} w_i \exp \left(- \frac{\| x - x' \|^2}{\delta^2} \right) + \Delta \right] \tag{7-30}$$

式中　w_i——支持向量的系数；

　　　Δ——偏移量。

由上式可知，$D(x) \geqslant 0$ 则表示被测试样本为煤；$D(x) < 0$ 则表示被测试样本为矸石。

7.5.3　基于特征融合与支持向量机分类识别算法

通过对煤矸图像进行图像处理，提取的灰度和纹理特征融合成特征向量的形式，选取合适的核函数及影响参数值，将煤矸样本数据进行训练得到 SVM 分类器，再利用得到的 SVM 分类器对煤矸样本进行识别分类工作。图 7-15 所示为分类识别算法的流程图。

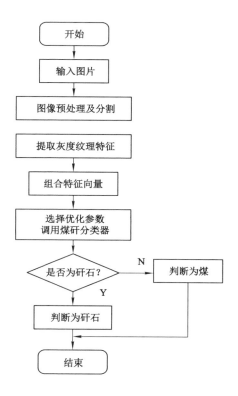

图 7-15 基于灰度纹理特征融合的煤矸图像 SVM 识别流程

7.6 本章小结

本章基于图像处理方法对煤和矸石进行识别分类算法研究。针对煤矸在线分拣中出现的问题做出了改进,得到如下成果:

(1) 采用了基于 ROI 和背景差分的方法有效地将传送带上的煤与矸石进行图像分割,该方法分割效率更高,并为煤矸图像特征提取奠定了基础。

(2) 针对煤矸分拣中出现的"伪矸石"现象。本章采取直方图均衡化方法增强了煤矸图像的对比度,通过阈值分割筛选出灰度值相对较高的未沾煤粉的区域集,对选取的区域集分别计算各区域灰度特征值,利用区域集中所有特征值的均值作为最终的矸石灰度特征值。实验验证该方法能有效降低煤矸图像灰度特征参数值重合区域,提高了煤和矸石的可分性。改良后的煤和矸石灰度特征值重合区域显著减少,但仍有部分重合,仅利用灰度特征作为煤矸图像识别特征会影响到最终的识别准确度。因此,基于纹理信息参数在灰度共生矩阵的基础上,提取特征值差异较为明显的对比度和熵作为纹理特征向量,将选中的灰度与纹理特征向量进行特征向量融合,并将融合的特征向量组导入 SVM 分类器进行样本训练,得到煤矸分类器模板用于煤矸图像在线识别分类。

8　低照度煤矸图像识别增强研究

原煤生产过程中不可避免会掺杂一些矸石杂质,这些杂质对煤的质量有很大的影响。实现煤和矸石有效分拣,是煤炭开采和生产的一个重要环节,发展清洁煤也是提升我国煤炭行业绿色发展,落实国家"碳达峰""碳中和"战略部署的关键。随着计算机技术的发展,机器视觉和图像处理技术也逐渐被应用到煤与矸石识别分拣中。同时,综采工作面煤矸图像识别技术可通过图像识别煤层和岩层或夹矸层分界面,使采煤机沿着煤层分界面自动截割,从而自动调整采煤机摇臂高度,避免采煤机欠割或过割,这也是实现智能综采工作面建设的关键技术之一。无论是煤矸分拣图像识别还是综采工作面煤矸识别,工作环境复杂,采集的煤矸图像受到低照度和高浓度煤尘、粉尘的影响导致图像质量不理想、煤矸纹理细节不清晰、识别精度低,极大影响煤矸识别效率。因此研究低照度环境下的煤矸图像增强技术,对提高煤与矸石识别准确度具有重要意义。

目前国内外学者针对低照度图像增强的算法进行了大量研究,在医学图像增强、水下图像处理、遥感图像增强等领域都有较多研究,对煤矿井下低照度环境下图像增强技术也有一些相关研究。针对低照度环境下煤与矸石图像识别中的图像增强问题,提出了一种基于 Retinex 理论的自适应图像增强方法。该方法引入引导滤波作为滤波器提取照度分量,并将处理结果与图像直方图均衡化处理结果融合得到增强图像。实验结果表明,该算法与 SSR 算法、MSRCR 算法和传统 HSV 空间的 MSR 算法等比较,可有效提高低照度环境下煤与矸石图像的对比度,保留图像边缘细节信息,避免煤矸图像颜色失真和光晕现象产生,可有效提高煤矸图像的识别准确率。

8.1　Retinex 理论算法原理

Retinex 理论由 Land 等人提出,该理论建立在实验的基础上,指出在现实世界中没有颜色,我们可以感知到视觉色彩是光和物体互相作用的结果。其理论模型由两部分组成,即光照分量和物体反射分量,原始图像为二者的乘积。Retinex 理论认为,物体自身的特有属性由反射分量决定,不会受到光照影响。

其基本思路是在对原始图像去除光照分量,得到物体的反射分量,从而消除外界光照影响。Retinex 理论模型表达式如下

$$O(x,y) = N(x,y)I(x,y) \tag{8-1}$$

式中　$O(x,y)$——观察者看到的原始图像;

　　$N(x,y)$——物体的反射图像,通常含有大量高频信息;

　　$I(x,y)$——入射图像,即周围环境的光照信息,一般为低频信号。

　　为方便计算,通常对式(8-1)两边取对数转换到频率域,可得

$$\log O(x,y) = \log N(x,y) + \log I(x,y) \tag{8-2}$$

　　为计算入射分量,可对原始图像卷积一个滤波函数,分离图像的高频分量和低频分量,以获得图像入射分量的估计值

$$D(x,y) = I(x,y) * F(x,y) \tag{8-3}$$

式中　$D(x,y)$——低通滤波之后的图像;

　　$F(x,y)$——滤波函数;

　　$*$——卷积计算。

8.1.1　单尺度 Retinex 算法(SSR)

　　Jobson 等以 Retinex 理论为基础,提出了单尺度 Retinex 算法。该算法模拟人眼的视觉成像过程,可以压缩图像的动态范围,一定程度上保持图像的颜色和增强暗部细节,提升图像的亮度。该算法采用高斯滤波函数 $F_G(x,y)$ 作为滤波函数进行卷积计算,计算公式如下

$$N(x,y) = \log O(x,y) - \log[I(x,y) * F_G(x,y)] \tag{8-4}$$

$$F_G(x,y) = \lambda e^{-\left(\frac{x^2+y^2}{c}\right)^2} \text{ 且} \iint F_G(x,y)\mathrm{d}x\mathrm{d}y = 1 \tag{8-5}$$

式中　λ——归一化常数,确保卷积核内的积分为 1;

　　c——高斯核尺寸,可以控制图像细节和色彩的保留情况。

8.1.2　多尺度 Retinex 算法(MSR)

　　在 SSR 算法中采用高斯滤波函数进行卷积,高斯滤波函数仅有单一参数 c,使得 SSR 算法无法对图像同时进行大规模的动态范围压缩和对比度增强。因此,Jobson 等又提出了多尺度 Retinex 算法。MSR 算法是在 SSR 算法基础上,通过线性叠加多个具有一定权重的固定尺度通道以达到增强的目的。MSR 算法可表示为

$$N(x,y) = \sum_{n=1}^{M} w_n \{\log O(x,y) - \log[I_n(x,y) * G_n(x,y)]\} \tag{8-6}$$

式中　$G_n(x, y)$——高斯滤波函数,形式与 SSR 算法中一致;

　　n——高斯中心环绕函数的个数;

　　w_n——每一个尺度上的系数。

当 $M=1$ 时,MSR 算法将变成 SSR 算法。

8.1.3　带色彩恢复的多尺度 Retinex 算法(MSRCR)

经过 MSR 算法增强之后的低照度图像会引入噪声,同时也伴随着局部色彩过增强等问题,造成图像颜色偏离。针对该缺陷,研究人员进一步提出了带色彩恢复因子 C 的多尺度算法(MSRCR)。MSRCR 算法在 Retinex 算法的基础上,引入色彩因子 C 来调整色彩偏离和对比度过大的情况,改善了图片的质量。MSRCR 算法可表示为

$$N_{\mathrm{MSRCR}} = C_i(x,y) N_{\mathrm{MSR}}(x,y) \tag{8-7}$$

$$C_i = f\Big[O(x,y) / \sum_{j=1}^{M}(x,y)\Big] = \beta\Big\{\log[\alpha O(x,y)] - \log\Big[\sum_{j=1}^{M} O(x,y)\Big]\Big\} \tag{8-8}$$

8.2　改进的 Retinex 算法:H-GF-MSR 算法

不管是 SSR 算法、MSR 算法还是 MSRCR 算法,采用的滤波函数都是低通高斯滤波函数,而高斯滤波仅有一个可调节参数:尺度因子 c,这限制了图像增强效果,使图像在边缘部分保持性较差,边缘细节不突出,图像的整体色彩失真。传统的 Retinex 算法是对 R、G、B 三个色彩分量分别进行增强操作之后再融合。三个色彩分量之间性质接近,有较强关联性,如果参数处理不当,会引起三个分量的增益不平衡,导致处理后的图像产生光晕、颜色失真、部分细节过度增强等问题。

针对以上煤与矸石图像增强算法存在的问题,综合考虑煤矸石识别现场环境的复杂性,提出了一种低照度环境下的改进 Retinex 算法的煤矸图像增强算法,即 H-GF-MSR 算法。该算法使用引导滤波替代高斯滤波进行图像入射分量的提取,相对于传统 Retinex 算法能更好地保持图像边缘细节。将煤矸图像由 RGB 颜色空间变换至 HSV 颜色空间进行增强处理得到增强分量 S_1;再进行直方图均衡化得到增强分量 S_2,并对两个增强分量进行图像融合,最终得到输出图像 S。

该算法整体实现步骤和流程如图 8-1 所示。

(1) 对相机拍摄的煤矸图像预处理,调整图像至合适大小,并转换到 HSV 颜色空间,提取 S、V 两个分量。

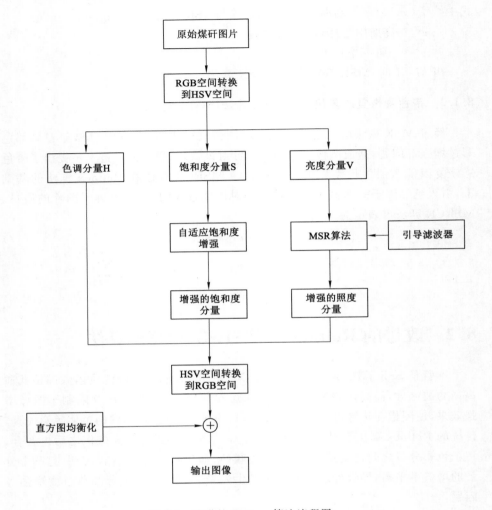

图 8-1　改进的 Retinex 算法流程图

（2）对 V 分量数据进行预处理，抑制光晕现象的产生。

（3）在 V 分量通道中，以原始图像作为引导图像，通过引导滤波计算得到 V 分量的照度估计分量。

（4）在频率域中将 V 分量数据与得到的照度估计分量相减得到 V 分量的反射分量。

（5）对 S 分量进行自适应拉伸增强校正。

（6）从频率域转换到实数域，拼接 H、S、V 三个通道。

（7）转换色彩空间至 RGB 色彩空间，得到物体的反射分量 S_1。

（8）对原始图像进行直方图均衡化得到图像 S_2。

（9）按照一定比例对 S_1 与 S_2 进行融合得到最终增强图像 S。

8.2.1　颜色空间转换

HSV 颜色空间是一种非线性颜色空间，由颜色的色调（Hue）、饱和度（Saturability）、亮度（Value）三个参数表示，其关联性较弱，有利于图像的处理。对 S 通道和 V 通道分量进行处理相较于在 RGB 空间中对 R、G、B 三个通道处理，对图像的原始色调和饱和度的影响更小。从 RGB 空间转换到 HSV 空间的公式如下

$$H = \begin{cases} 0°, \Delta = 0 \\ 60° \times \left(\dfrac{G-B}{\Delta} + 0 \right), T_{\max} = R \\ 60° \times \left(\dfrac{B-R}{\Delta} + 2 \right), T_{\max} = G \\ 60° \times \left(\dfrac{R-G}{\Delta} + 4 \right), T_{\max} = B \end{cases} \tag{8-9}$$

$$S = \begin{cases} 0, T_{\max} = 0 \\ \dfrac{\Delta}{C_{\max}}, T_{\max} \neq 0 \end{cases} \tag{8-10}$$

$$V = T_{\max} \tag{8-11}$$

式中　H——转换后图像的色调分量；

　　　S——转换后图像的饱和度分量；

　　　V——转换后图像的亮度分量。

$T_{\max} = \max(R, G, B)$，$T_{\min} = \min(R, G, B)$，$\Delta = T_{\max} - T_{\min}$，$\max(R, G, B)$ 和 $\min(R, G, B)$ 为 R、G、B 分量中的最大值和最小值。

8.2.2　饱和度增强处理

在 HSV 颜色空间中，煤与矸石图像亮度增强会使图像的原始饱和度降低，需对图像饱和度分量进行拉伸校正。由于外界光照条件的变化，使得相机拍摄的煤矸图像原始饱和度有较大差异，因此，需要对不同图像的饱和度进行处理。本书提出了一种针对饱和度分量自适应拉伸校正的算法，即

$$S_{\text{out}} = \left[1 + \frac{\text{mean}(R, G, B)}{\max(R, G, B) + \min(R, G, B) + 1} \right] S_{\text{in}} \tag{8-12}$$

式中　S_{in}——图像饱和度分量的原始值；

S_{out}——拉伸校正后的饱和度值；

$\max(R,G,B)$、$\min(R,G,B)$——输入煤矸图像中 RGB 三个颜色分量灰度值的极值；

$\text{mean}(R,G,B)$——整幅图像的平均灰度值。

由式(8-12)可知，当输入图像饱和度较高时，图像的输出饱和度变化不大；当输入图像的饱和度较低且亮度较大时，可以自适应地提高输出图像的饱和度。

8.2.3 滤波函数的替换及反射分量增强处理

在亮度分量 V 中，对 MSR 算法进行改进，用引导滤波器替代高斯滤波器获取图像的照度分量，即

$$I_V(x,y) = f_{GF}[V(x,y)] \qquad (8-13)$$

$$N(x,y) = \sum_{n=1}^{M} w_n [\log O(x,y) - \log I_{V_n}(x,y)] \qquad (8-14)$$

式中　$f_{GF}[V(x,y)]$——亮度分量 V 中利用引导滤波求照度分量；

$I_V(x,y)$——求得的照度分量。

8.2.3.1 引导滤波函数

He. K 等学者提出的引导滤波函数比高斯滤波有更好的图像边缘细节保留能力，比双边滤波计算速度更快。高斯滤波和双边滤波对处理图像是独立的，而引导滤波可以在滤波过程中传递引导图像的信息。其模型如下

$$q_i = \sum_j W_{ij}(I) p_j \qquad (8-15)$$

输出图像 q 是引导图像 I 的线性变换，即

$$q_i = a_k I_i + b_k, \forall i \in \omega_k \qquad (8-16)$$

式中，输入图像为 p；引导图像为 I；滤波输出结果为 q；窗口 ω 为边长为 $2r$ 的方形窗口；a_k、b_k 是当窗口 ω 中心位于 k 时该线性函数的系数。对式(8-16)两边取梯度，可得

$$\nabla q = a \nabla I \qquad (8-17)$$

可知，输出图像 q 与输入图像 p 的梯度相似。由式(8-16)可知，输入引导图像 I 的梯度由 a_k 决定。为使滤波之后图像边缘保持性较好，需要最小化 q 和 p 之间的差异，引入代价函数

$$E(a_k,b_k) = \sum [(a_k I_i + b_k - I_i)^2 + \varepsilon a_k^2] \qquad (8-18)$$

式中，ε 是引入的一个正则化因子，作用是防止 a_k 过大。由最小二乘法计算可得

$$a_k = \frac{\frac{1}{|\omega|} \sum_{i \in \omega_i} I_i p_i - \mu_k \overline{p_k}}{\sigma_k^2 + \varepsilon} \qquad (8-19)$$

$$b_k = \overline{p_k} - a_k\mu_k \tag{8-20}$$

式中　　μ_k——I 在窗口 ω_k 中的平均值；

　　　　σ_k——I 在窗口 ω_k 中的方差；

　　　　$|\omega|$——窗口 ω_k 中像素个数；

　　　　$\overline{p_k}$——输入图像 p 在窗口 ω_k 中的均值。

要计算图像某点的具体输出，只需求解包含该点的全部线性函数值的均值，故最终滤波输出图像为

$$q_i = \overline{a_i}I_i + \overline{b_i} \tag{8-21}$$

式中　　$\overline{a_i}$、$\overline{b_i}$——以 i 为中心窗口上的 a 和 b 的平均值。

8.2.3.2　正则化因子 ε 的确定

在引导滤波公式(8-18)中，若 ε=0，则 $a=1$、$b=0$ 是 $E(a,b)=0$ 的解，此时滤波器将输入直接输出。

如果 ε>0，在像素强度变化较小的区域，图像 I 在窗口 ω_k 中基本保持不变，而在高方差区域，即图像 I 在窗口 ω_k 中变化比较大，对图像的滤波效果不明显，有助于保持边缘。

为确定最佳正则化因子 ε，选取不同正则化因子 ε 处理的煤矸图像进行对比，选取图像均值(反映图像的亮度)、信息熵(体现图像信息的丰富程度)、标准差(体现图像对比度)三个指标进行评价。如图 8-2、图 8-3 所示，当 ε=0.01 时，图像信息熵的值最大，图像包含信息最多；图像的均值较大，图像整体亮度较大但不至于过亮；图像对比度随着 ε 增大趋于稳定，综合考虑选取 ε=0.01。

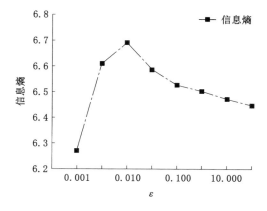

图 8-2　不同 ε 取值下增强图像信息熵变化情况

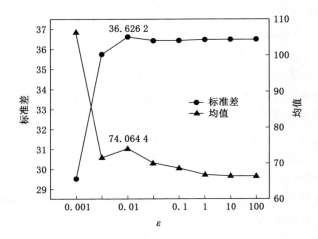

图 8-3　不同 ε 取值下增强图像均值、标准差变化情况

8.2.4　图像直方图均衡化融合

图像的灰度直方图均衡化是一种常用的图像灰度变换方法,采用直方图均衡化可以让图像具有较大的灰度动态范围和高对比度,并且图像的细节更丰富。通过改变图像的直方图来改变图像中各像素的灰度,使图像具有均匀灰度概率密度分布,经过直方图均衡化处理之后的图像对比度有很大的增强。

设图像灰度为 G,取值范围为 $[0, G-1]$,直方图均衡化可对应一个变换 $s = T(G)$。通过变换 T,可以获得输入图像灰度值对应的直方图均衡化之后的图像灰度值 s。

图像融合可以综合不同算法处理结果的信息,合成后的图像包含更多的信息,更易于后处理。对直方图均衡化之后的图像与改进 Retinex 多尺度算法处理的图像进行加权平均融合,可以有效融合两种算法的优点,提高信噪比和对比度,从而增强图像。

设改进多尺度 Retinex 算法处理之后图像为 S_1,直方图均衡化之后的图像为 S_2,则最终输出图像为

$$S = \tau S_1 + (1 - \tau) S_2 \tag{8-22}$$

式中,τ 的取值范围为 $[0, 1]$,通过对大量图片进行实验对比,得到 τ 的取值在 0.75~0.85 区间时,融合后的图片增强效果较好,本书 τ 取 0.8。

8.3　实验过程与结果分析

8.3.1　实验过程

为对本书提出的煤矸增强算法进行有效性验证,选取多张采集到的低照度、逆强光、多阴影的煤和矸石图像进行对比实验。对比算法有 SSR 算法、MSRCR 算法、在 HSV 空间中的 MSR 算法、H-GF-MSR 算法(本书算法)。图像处理计算机配置为 CPU 3.0 GHz,内存 16 GB,Window10 操作系统,利用 MATLAB R2020a 软件进行编程实现,并从主观与客观两个方面对增强图像进行评价对比。

8.3.2　评价结果

8.3.2.1　主观评价

主观评价是从个人的角度去评价,以人的视觉为评价标准。通过对不同算法增强处理后的图像进行观察对比并进行评判。

对采集的不同场景下(照度为 30 lx 的矸石、照度为 10 lx 的煤、照度为 20 lx 的煤与矸石)的煤矸图像进行对比实验,同时对原始图像与算法增强图像求取灰度直方图进行对比,对比结果如图 8-4、图 8-5、图 8-6 所示。

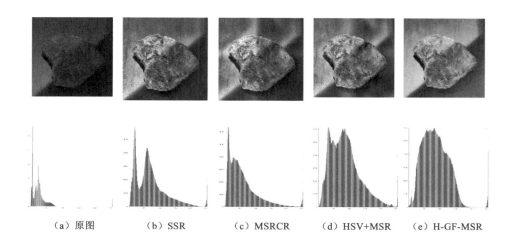

（a）原图　　　（b）SSR　　　（c）MSRCR　　　（d）HSV+MSR　　　（e）H-GF-MSR

图 8-4　场景 1:照度 30 lx 下不同算法对比结果

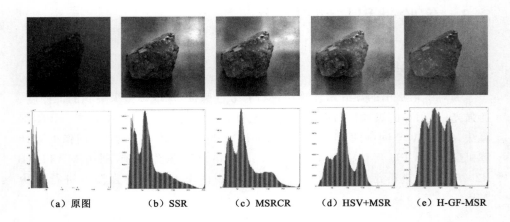

（a）原图　　　（b）SSR　　　（c）MSRCR　　　（d）HSV+MSR　　　（e）H-GF-MSR

图 8-5　场景 2:照度 10 lx 下不同算法对比结果

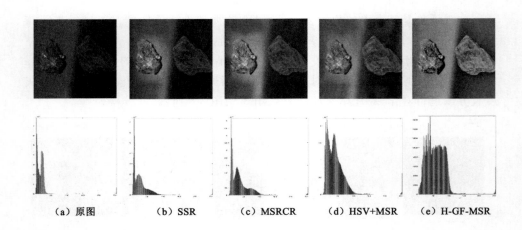

（a）原图　　　（b）SSR　　　（c）MSRCR　　　（d）HSV+MSR　　　（e）H-GF-MSR

图 8-6　场景 3:照度 20 lx 下不同算法对比结果

由算法增强图像可以看出:

（1）SSR 算法在低照度环境下,对煤矸图像有一定的增强效果,提升了亮度,增强了对比度。但是一些场景中出现了光晕现象[图 8-4(b)、图 8-5(b)],以及明显色彩偏离和细节丢失的情况[图 8-6(b)]。

（2）MSRCR 算法处理之后整体效果有一定的提升,亮度提高,对比度增强。但是图片增强之后也出现明显光晕现象,一些场景出现边缘细节丢失,色彩偏离现象相较于 SSR 算法稍有改善但仍然与真实色彩情况有差距[图 8-6(c)]。

（3）在 HSV 空间中使用 MSR 算法处理之后整体效果优于 SSR 算法与 MSRCR 算法，同时色彩偏离现象有一定改善［图 8-4(d)、图 8-5(d)］，但仍然会出现光晕现象［图 8-6(d)］。

（4）经 H-GF-MSR 算法处理后，可有效提升低照度下煤与矸石图片效果，对比度与清晰度有明显增强。图像亮度均匀，未出现光晕［图 8-4(e)、图 8-5(e)、图 8-6(e)］。

从灰度直方图可以看出：H-GF-MSR 算法与 SSR 算法、MSRCR 算法及 HSV 空间中的 MSR 算法相比较，增强后的煤矸石图像灰度直方图分布更均匀，没有明显断层。同时，图像灰度级大部分在 50～150 之间，图像亮度增强明显，对低照度下煤与矸石的识别效果更好。

进一步对增强图像局部细节放大进行对比，如图 8-7 所示，经 H-GF-MSR 算法增强后，煤与矸石的纹理清晰可辨，且图像亮度也有所增强。

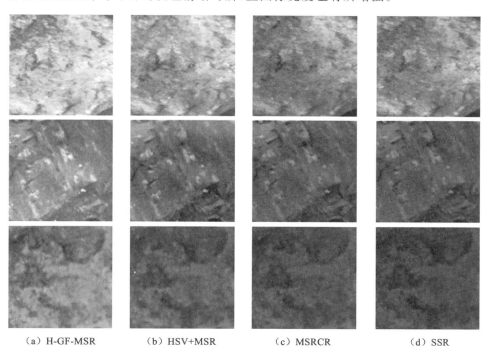

（a）H-GF-MSR　　　（b）HSV+MSR　　　（c）MSRCR　　　（d）SSR

图 8-7　不同算法增强图像细节对比

为探究本算法在不同低照度下的增强效果，选取照度为 15 lx、30 lx、50 lx、100 lx 与 200 lx 五个不同照度场景，运用 H-GF-MSR 算法对原煤图像进行增强，结果如图 8-8 所示。

(a) 15 lx (b) 30 lx (c) 50 lx (d) 100 lx (e) 200 lx

图 8-8 不同照度场景下 H-GF-MSR 算法增强效果

由图 8-8 可知,H-GF-MSR 算法在不同低照度下均有较好的增强效果。对于极弱光环境[图 8-8(a)、图 8-8(b)]该算法能有效提升图像整体细节和图像亮度,增强图像可识别性。在照度低于 15 lx 时,图像右下角暗部细节处会产生噪点[图 8-8(a)]。

当光照度较大时,光线在煤与矸石上会有较强的反射,从而掩盖煤与矸石的部分原始细节,本书算法可有效抑制外界光线所产生的局部亮区,还原煤矸石的原始细节,如图 8-8(d)、图 8-8(e)所示。

8.3.2.2 客观评价

为客观体现 H-GF-MSR 算法的优越性和有效性,选取信息熵、峰值信噪比(PSNR)、图像均值、图像平均梯度四个客观评价指标进行定量评价。其中,信息熵用来衡量图像信息的丰富程度,图像所含信息越丰富,其信息熵越大;峰值信噪比用来评价增强图像的保真性,PSNR 的单位是 dB,数值越大表示失真越小;图像均值用来表示图像亮度增强效果,亮度越大,则图像均值越大;平均梯度是图像边缘灰度变化率的平均值,表征了图像的细节纹理和清晰度。对比验证结果如表 8-1～表 8-3 所示。

表 8-1 场景 1:照度 30 lx 不同算法客观评价结果

算法	信息熵	PSNR	均值	平均梯度
原图	5.658 5	—	26.754 3	1.848 7
SSR	7.338 7	29.860 2	73.845 2	7.325 2
MSRCR	7.270 8	31.811 4	65.902 1	6.057 7
HSV+MSR	7.381 8	27.213 5	80.942 4	6.518 0
H-GF-MSR	7.450 5	27.388 3	84.489 9	9.503 8

表 8-2　场景 2:照度 10 lx 下不同算法客观评价结果

算法	信息熵	PSNR	均值	平均梯度
原图	5.537 8	—	21.806 1	1.012 4
SSR	7.254 5	30.224 6	66.354 1	4.046 6
MSRCR	7.337 5	27.832 1	73.983 5	4.320 1
HSV＋MSR	7.180 5	25.272 9	88.354 9	4.013 5
H-GF-MSR	7.396	30.804 4	93.131 7	4.670 3

表 8-3　场景 3:照度 20 lx 下不同算法客观评价结果

算法	信息熵	PSNR	均值	平均梯度
原图	4.879 9	—	17.944 5	1.409 5
SSR	5.953 8	42.671 9	29.441 1	2.553 6
MSRCR	6.356 6	43.545 3	38.746 9	3.028 3
HSV＋MSR	6.390 1	44.867 7	40.111 8	2.964 5
H-GF-MSR	6.710 7	45.921 0	55.468 2	3.942 0

由表 8-1～表 8-3 数据可知,在信息熵、峰值信噪比、图像均值、图像平均梯度这几个指标上,H-GF-MSR 算法相较于 SSR 算法分别提升了 5.4％,0.4％,41.1％,33.2％;相比于 MSRCR 算法分别提升了 2.9％,0.7％,32.4％,31.7％。同时,该算法信息熵的值高于对比算法,表明增强之后的图像信息更加丰富。峰值信噪比(PSNR)较高,体现了该算法增强之后图像去噪效果较好。图像均值大,表明增强之后图像整体亮度大,可有效改善低照度环境下煤矸图像质量。

8.4　本章小结

(1) 针对低照度环境下煤与矸石图像识别率低的问题,提出了一种改进的多尺度融合 Retinex 图像增强算法——H-GF-MSR 算法。该算法转换至 HSV 空间中处理,解决了传统 Retinex 算法因 R、G、B 三个色彩通道之间有较强关联性造成的色彩失真问题。

（2）利用引导滤波器替代高斯滤波器在亮度分量 V 中对入射分量进行估算，有效改善原始算法容易出现的光晕问题，抑制了图像背景噪声；对饱和度分量 S 进行自适应拉伸校正处理，使图像整体色彩更饱满；最后转换回 RGB 通道并与直方图均衡化之后图像进行融合，使得图像更加清晰、层次更丰富。

（3）在不同光照度环境下，对不同算法进行煤矸图像增强效果对比，提出的 H-GF-MSR 算法对极低照度图像具有较好的增强效果，对整体照度较低但局部极亮区域，能有效抑制亮光，还原煤矸图像原始细节。增强后的煤与矸石图像纹理细节更加清晰，提高了低照度环境下煤与矸石的识别准确率。

9 煤矸分拣机器人模糊自适应控制研究

Delta 并联机器人是一个具有强耦合性的非线性系统,许多学者对其控制方式进行了研究。山东大学的倪鹤鹏等基于牛顿-拉夫森法提出动态抓取算法,建立 Delta 并联机器人视觉跟踪工件的数学模型,满足了准确性和稳定性要求。江南大学的郑坤明等通过遗传算法优化得到模糊 PID 的取值范围,从而提高了 Delta 并联机器人的控制精度和稳定性。Zhao 等提出一种在线预测不确定性的鲁棒控制方法,可以保证 Delta 并联机器人系统的收敛性和稳定性。Castaneda 等提出了考虑 Delta 并联机器人动力学模型不确定时机器人轨迹跟踪的自适应控制算法,该算法比传统的 PID 控制有更良好的效果。但是,这些 Delta 并联机器人的应用场景大部分是在负载的质量已知的前提下进行的,对于负载质量不确定或者发生变化的应用场景的研究则相对较少。由于矸石分拣环境和工况的特殊性,研究一种适用于负载变化的 Delta 并联机器人分拣矸石控制方法,对于发展低能耗和高效率的煤矸石分拣方式具有重要意义。

模糊控制适用于解决非线性系统或者模型参数不确定的系统,因此它被广泛应用到汽车工业、机器人、信号处理、模式识别等领域。在机器人控制领域,模糊自适应控制可以对机器人动力学方程中的未知部分进行在线精确逼近,从而实现高精度轨迹跟踪。笔者提出一种模糊自适应鲁棒算法以实现对 Delta 并联机器人的控制。针对矸石质量不同和关节摩擦以及外部环境的干扰问题,设计模糊系统对这些不确定项进行精确逼近,并加入了鲁棒控制项,实现了 Delta 并联机器人在分拣矸石质量不同的条件下进行高精度的轨迹跟踪。通过与计算力矩控制进行对比,结果表明,该算法能够更好地适应分拣过程中矸石质量变化带来的影响。

在上述过程中,无法得知 Delta 并联机器人所分拣的矸石的质量信息,而矸石质量的变化会导致 Delta 并联机器人动力学参数发生变化,又由于 Delta 并联机器人运动学和动力学都是一个耦合性和非线性很强的系统,如果通过传统的 PID 控制器进行控制会使得机器人收敛速度较慢且收敛误差较大,而且矸石质量变化范围越大,这种缺陷将越加明显,所以传统控制器不能很好地适应当前煤矸分拣的高速重负载的应用场景。因此,提出一种适应能力强的非线性 Delta

并联机器人高速重负载矸石分拣控制算法显得尤为必要。

9.1　Delta 并联机器人运动学和动力学模型

9.1.1　Delta 并联机器人简化模型

Delta 并联机器人是一种典型的并联机器人,从上往下其结构主要包括了静平台、动平台以及分别连接两者的三条主动臂和三条从动臂。Delta 并联机器人简化模型如图 9-1 所示,Delta 并联机器人中存在三条运动支链,每条运动支链分别由静平台、主动臂、从动臂、动平台所组成。其中,主动臂和静平台的三个铰接点的连线可以构成一个等边三角形;同样地,从动臂和动平台的三个铰接点也构成一个等边三角形。

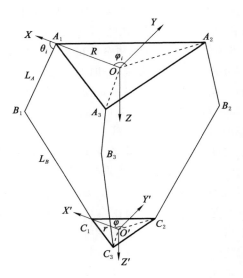

图 9-1　Delta 并联机器人简化模型

由于三条主动臂和三条从动臂的长度各自相等,在不考虑装配误差等因素的影响下,动平台在运动中可以视为与静平台保持平行。如图 9-1 所示,以动平台和静平台中心为坐标原点分别建立坐标系 $\{O\}$ 和 $\{O'\}$,其中 OA_1 与 X 轴平行,$O'C_1$ 与 X' 轴平行,而且两个平台的坐标系相互平行。

图 9-1 中各个符号参数含义如表 9-1 所示。

表 9-1　Delta 并联机器人模型参数表

符号	参数	参数含义
A_iB_i	L_A	主动臂长度
B_iC_i	L_B	从动臂长度
OA_i	R	动平台等边三角形外接圆半径
$O'B_i$	r	静平台等边三角形外接圆半径
θ_i	θ_i	主动臂对于静平台的角度
φ_i	φ_i	静（动）平台各铰接点与原点的连线相对 $X(X')$ 轴的角度

9.1.2　运动学方程的建立

从 Delta 并联机器人简化模型中可以看出：静（动）平台各铰接点与原点的连线相对 $X(X')$ 轴的角度应为

$$\varphi_i = \frac{2}{3}\pi(i-1),(i=1,2,3) \tag{9-1}$$

那么在 $\{O\}$ 坐标系中，向量 $\overrightarrow{OA_i}$ 的坐标表示为

$$\overrightarrow{OA_i} = \begin{bmatrix} R\cos\varphi_i \\ R\sin\varphi_i \\ 0 \end{bmatrix},(i=1,2,3) \tag{9-2}$$

同理 $\overrightarrow{A_iB_i}$ 的坐标表示为

$$\overrightarrow{A_iB_i} = \begin{bmatrix} L_A\cos\theta_i\cos\varphi_i \\ L_A\cos\theta_i\sin\varphi_i \\ L_A\sin\theta_i \end{bmatrix},(i=1,2,3) \tag{9-3}$$

根据向量关系有

$$\overrightarrow{OB_i} = \overrightarrow{OA_i} + \overrightarrow{A_iB_i} \tag{9-4}$$

可得 $\overrightarrow{OB_i}$ 的坐标表示为

$$\overrightarrow{OB_i} = \begin{bmatrix} (R+L_A\cos\theta_i)\cos\varphi_i \\ (R+L_A\cos\theta_i)\sin\varphi_i \\ L_A\sin\theta_i \end{bmatrix},(i=1,2,3) \tag{9-5}$$

设向量 $\overrightarrow{OO'}$：

$$\overrightarrow{OO'} = [x,y,z]^{\mathrm{T}} \tag{9-6}$$

在 $\{O'\}$ 坐标系中，向量 $\overrightarrow{O'C_i}$ 的坐标表示为

$$\overrightarrow{O'C_i} = \begin{bmatrix} r\cos\,\varphi_i \\ r\sin\,\varphi_i \\ 0 \end{bmatrix}, (i = 1,2,3) \tag{9-7}$$

同理根据向量关系有

$$\overrightarrow{OC_i} = \overrightarrow{OO'} + \overrightarrow{O'C_i} \tag{9-8}$$

可得 $\overrightarrow{OC_i}$ 的坐标表示为

$$\overrightarrow{OC_i} = \begin{bmatrix} r\cos\,\varphi_i + x \\ r\sin\,\varphi_i + y \\ z \end{bmatrix}, (i = 1,2,3) \tag{9-9}$$

同理根据向量关系有

$$\overrightarrow{B_iC_i} = \overrightarrow{OC_i} - \overrightarrow{OB_i} \tag{9-10}$$

可得 $\overrightarrow{B_iC_i}$ 的坐标表示为

$$\overrightarrow{B_iC_i} = \begin{bmatrix} (r - R - L_A\cos\,\theta_i)\cos\,\varphi_i + x \\ (r - R - L_A\cos\,\theta_i)\sin\,\varphi_i + y \\ z - L_A\sin\,\theta_i \end{bmatrix}, (i = 1,2,3) \tag{9-11}$$

由于 $|\overrightarrow{B_iC_i}| = L_B$，可以推出 Delta 并联机器人的运动学方程为

$$[(r - R - L_A\cos\,\theta_i)\cos\,\varphi_i + x]^2 + [(r - R - L_A\cos\,\theta_i) \\ \sin\,\varphi_i + y]^2 + [z - L_A\sin\,\theta_i]^2 = L_B{}^2, (i = 1,2,3) \tag{9-12}$$

9.1.3　机器人动力学方程

Delta 并联机器人的动平台中心的坐标 $[x,y,z]^T$ 是关于 $\theta = [\theta_1,\theta_2,\theta_3]^T$ 的函数，基于虚功原理在关节空间中建立简化的 Delta 并联机器人动力学方程如下

$$D(\theta)\,\ddot{\theta} + C(\theta,\dot{\theta})\dot{\theta} + G(\theta) = \tau \tag{9-13}$$

式中　τ——力矩输入，$\tau = [\tau_1,\tau_2,\tau_3]^T$；

$D(\theta)$——惯性矩阵，$D(\theta) = (\dfrac{1}{3}m_a + m_c + \dfrac{2}{3}m_b)L_A^2\boldsymbol{I} + (\dfrac{1}{3}m_b + m_d + m_e)$

$\boldsymbol{J}^T\boldsymbol{J}$；其中 $\boldsymbol{I}$ 为 3 阶单位矩阵；

$C(\theta,\dot{\theta})$——科氏力、向心力矩阵。

$$C(\theta,\dot{\theta}) = -(\dfrac{1}{3}m_b + m_d + m_e)\boldsymbol{J}^T \begin{bmatrix} \boldsymbol{p}_1^T \\ \boldsymbol{p}_2^T \\ \boldsymbol{p}_3^T \end{bmatrix}^{-1} \times$$

$$\left\{ \begin{bmatrix} \dot{\boldsymbol{p}}_1^{\mathrm{T}} \\ \dot{\boldsymbol{p}}_2^{\mathrm{T}} \\ \dot{\boldsymbol{p}}_3^{\mathrm{T}} \end{bmatrix} \boldsymbol{J} + \begin{bmatrix} \dot{\boldsymbol{p}}_1^{\mathrm{T}} b_1 + \boldsymbol{p}_1^{\mathrm{T}} \dot{b}_1 & 0 & 0 \\ 0 & \dot{\boldsymbol{p}}_2^{\mathrm{T}} b_2 + \boldsymbol{p}_2^{\mathrm{T}} \dot{b}_2 & 0 \\ 0 & 0 & \dot{\boldsymbol{p}}_3^{\mathrm{T}} b_3 + \boldsymbol{p}_3^{\mathrm{T}} \dot{b}_3 \end{bmatrix} \right\};$$

$\boldsymbol{G}(\theta)$ 为重力矩阵,有

$$\boldsymbol{G}(\theta) = -\left(\frac{1}{2} m_a + \frac{1}{2} m_b + m_c\right) g L_A \begin{bmatrix} \cos\theta_1 \\ \cos\theta_2 \\ \cos\theta_3 \end{bmatrix} - \left(\frac{3}{2} m_b + m_d + m_e\right) \boldsymbol{J}^{\mathrm{T}} \begin{bmatrix} 0 \\ 0 \\ g \end{bmatrix};$$

式中　$\boldsymbol{J}$——雅可比矩阵,$\boldsymbol{J} = -\begin{bmatrix} \boldsymbol{p}_1^{\mathrm{T}} \\ \boldsymbol{p}_2^{\mathrm{T}} \\ \boldsymbol{p}_3^{\mathrm{T}} \end{bmatrix}^{-1} \begin{bmatrix} \boldsymbol{p}_1^{\mathrm{T}} b_1 & 0 & 0 \\ 0 & \boldsymbol{p}_2^{\mathrm{T}} b_2 & 0 \\ 0 & 0 & \boldsymbol{p}_3^{\mathrm{T}} b_3 \end{bmatrix};$

$$\boldsymbol{p}_i = \begin{bmatrix} x \\ y \\ z \end{bmatrix} - {}_i^O R \left(\begin{bmatrix} R-r \\ 0 \\ 0 \end{bmatrix} + \begin{bmatrix} L_A \cos\theta_i \\ 0 \\ L_A \sin\theta_i \end{bmatrix} \right); i = 1,2,3;$$

$${}_i^O R = \begin{bmatrix} \cos\left[\dfrac{2\pi}{3}(i-1)\right] & -\sin\left[\dfrac{2\pi}{3}(i-1)\right] & 0 \\ \sin\left[\dfrac{2\pi}{3}(i-1)\right] & \cos\left[\dfrac{2\pi}{3}(i-1)\right] & 0 \\ 0 & 0 & 1 \end{bmatrix}; i = 1,2,3;$$

$$b_i = {}_i^O R \begin{bmatrix} L_A \sin\theta_i \\ 0 \\ -L_A \cos\theta_i \end{bmatrix}, i = 1,2,3;$$

$$\dot{\boldsymbol{p}}_i = \begin{bmatrix} \dot{x} \\ \dot{y} \\ \dot{z} \end{bmatrix} - b_i \dot{\theta}_i, \dot{b}_i = {}_i^O R \begin{bmatrix} L_A \cos\theta_i \\ 0 \\ L_A \sin\theta_i \end{bmatrix} \dot{\theta}_i, i = 1,2,3。$$

在上述式中涉及的参数如表 9-2 所示。

表 9-2　Delta 并联机器人模型中的参数定义

参数	值	变量含义
m_a	$m_a = 1.192\ 4$ kg	主动臂的质量
m_b	$m_b = 0.421\ 4$ kg	从动臂的质量
m_c	$m_c = 0.117\ 3$ kg	主、从动臂关节的质量

表 9-2(续)

参数	值	变量含义
m_d	$m_d = 1.395\ 4$ kg	动平台的质量
m_e	$m_e = 0 \sim 4$ kg	负载的质量
R	$R = 0.12$ m	静平台等边三角形外接圆半径
r	$r = 0.07$ m	动平台等边三角形外接圆半径
L_A	$L_A = 0.12$ m	主动臂长度
L_B	$L_B = 0.24$ m	从动臂长度
θ	$[\theta_1, \theta_2, \theta_3]^{\mathrm{T}}$	主动臂对于静平台的张角
$\overrightarrow{OO'}$	$[x, y, z]^{\mathrm{T}}$	动平台中心相对于静平台中心的坐标位置

在运动过程中 Delta 并联机器人会因为负载变化以及关节摩擦、外部干扰等因素的作用,会导致运动精度和稳定性下降。由于矸石大小和质量并不相同,因此考虑在每次的矸石分拣过程中,Delta 并联机器人的负载质量都会发生变化,设定其质量变化范围为 $0 \sim 4$ kg。

在机器人运动过程中,机器人在受到驱动关节摩擦力矩的同时还会受到外部环境的未知力矩的干扰作用。

驱动关节摩擦力矩与驱动关节角速度方向和大小有关,因此摩擦力矩是主动臂角速度的函数,可表示为 $F_r(\dot{\theta}) \in R^3$;外部干扰力矩可以表示为 $\tau_d(t) \in R^3$。将两者合并为一项为:$F_{rd}(\theta, \dot{\theta}, \ddot{\theta}, t)$——摩擦和外加干扰项,$F_{rd}(\theta, \dot{\theta}, \ddot{\theta}, t) = F_r(\dot{\theta}) + \tau_d(t)$;

那么完整的 Delta 并联机器人动力学方程为

$$D(\theta)\ddot{\theta} + C(\theta, \dot{\theta})\dot{\theta} + G(\theta) + F_{rd}(\theta, \dot{\theta}, \ddot{\theta}, t) = \tau \tag{9-14}$$

Delta 并联机器人的动力学特性如下:

(1) 惯性矩阵 $D(\theta)$ 是对称正定矩阵,对任意非零列向量 $\boldsymbol{\alpha} \in R^3$ 存在正数 $m_1, m_2, D(\theta)$ 满足:

$$m_1 \parallel \boldsymbol{\alpha} \parallel^2 \leqslant \boldsymbol{\alpha}^{\mathrm{T}} D(\theta)\boldsymbol{\alpha} \leqslant m_2 \parallel \boldsymbol{\alpha} \parallel^2 \tag{9-15}$$

(2) $\dot{D}(\theta) - 2C(\theta, \dot{\theta})$ 是一个斜对称矩阵,对任意非零列向量 $\boldsymbol{\alpha} \in R^3$,满足

$$\boldsymbol{\alpha}^{\mathrm{T}}[\dot{D}(\theta) - 2C(\theta, \dot{\theta})]\boldsymbol{\alpha} = 0 \tag{9-16}$$

9.1.4 仿真假定条件

Delta 并联机器人动力学控制仿真的假定条件如下:

（1）从动臂连杆不会绕自身旋转轴转动；

（2）不考虑各个球铰关节的误差；

（3）不考虑矸石的惯性；

（4）不考虑主动臂和从动臂的振动和柔性形变。

9.2　模糊自适应鲁棒控制器设计

9.2.1　模糊规则

由于每次分拣矸石的负载质量都不一样且未知，动力学方程参数 $D(\theta)$、$C(\theta,\dot{\theta})$、$G(\theta)$ 都会发生变化，因此分别定义其名义参数 $\bar{D}(\theta)$、$\bar{C}(\theta,\dot{\theta})$、$\bar{G}(\theta)$。将实际参数 $D(\theta)$、$C(\theta,\dot{\theta})$、$G(\theta)$ 与名义参数 $\bar{D}(\theta)$、$\bar{C}(\theta,\dot{\theta})$、$\bar{G}(\theta)$ 的差值定义为估计误差

$$\begin{cases} e_D(\theta,\ddot{\theta}) = D(\theta)\ddot{\theta} - \bar{D}(\theta)\ddot{\theta} \\ e_C(\theta,\dot{\theta}) = C(\theta,\dot{\theta})\dot{\theta} - \bar{C}(\theta,\dot{\theta})\dot{\theta} \\ e_G(\theta) = G(\theta) - \bar{G}(\theta) \\ e(\theta,\dot{\theta},\ddot{\theta}) = e_D(\theta,\ddot{\theta}) + e_C(\theta,\dot{\theta}) + e_G(\theta) \end{cases} \tag{9-17}$$

由于考虑的不确定部分同时包含负载变化、摩擦和外部干扰，所以用于逼近不确定部分的多输入多输出的模糊系统可以表示为 $\hat{F}(\theta,\dot{\theta},\ddot{\theta} \mid \Theta)$，其中 Θ 为模糊系统的实际参数，其理想参数为 Θ^*，定义模糊系统参数误差 $\tilde{\Theta} = \Theta^* - \Theta$。

Delta 并联机器人动力学方程式（9-14）可以改写为：

$$\bar{D}(\theta)\ddot{\theta} + \bar{C}(\theta,\dot{\theta})\dot{\theta} + \bar{G}(\theta) + F(\theta,\dot{\theta},\ddot{\theta}) = \tau \tag{9-18}$$

式中

$$F(\theta,\dot{\theta},\ddot{\theta}) = e(\theta,\dot{\theta},\ddot{\theta}) + F_{rd}(\theta,\dot{\theta},\ddot{\theta},t) \tag{9-19}$$

同时为了减少模糊规则的数量，降低模糊逼近的计算量，提高运算效率，可以对不确定项 $F(\theta,\dot{\theta},\ddot{\theta})$ 进行分解后再进行逼近。

式（9-19）可以分解为

$$F(\theta,\dot{\theta},\ddot{\theta}) = F^1(\theta,\dot{\theta}) + F^2(\theta,\ddot{\theta}) \tag{9-20}$$

其中

$$F^1(\theta,\dot{\theta}) = e_C + e_G + F_r(\dot{\theta}) + \tau_d(t);$$

$$F^2(\theta,\ddot{\theta}) = e_D; \qquad\qquad (9\text{-}21)$$

针对式(9-21)设计基于 MIMO 的模糊系统 $\hat{F}^1(\theta,\dot{\theta}\mid\Theta^1)$、$\hat{F}^2(\theta,\ddot{\theta}\mid\Theta^2)$,对于 $F^1(\theta,\dot{\theta})$,其模糊变量包括 $\theta,\dot{\theta}$;对于 $F^2(\theta,\ddot{\theta})$,其模糊变量包括 $\theta,\ddot{\theta}$。且 $\hat{F}(\theta,\dot{\theta},\ddot{\theta}\mid\Theta) = \hat{F}^1(\theta,\dot{\theta}\mid\Theta^1) + \hat{F}^2(\theta,\ddot{\theta}\mid\Theta^2)$。

分别对模糊变量 θ、$\dot{\theta}$、$\ddot{\theta}$ 定义 3 个模糊子集,即"负""零""正",三个隶属度函数选择不同的高斯型隶属度函数,如图 9-2 所示。模糊系统采用乘积推理机、单值模糊器和中心平均解模糊器。

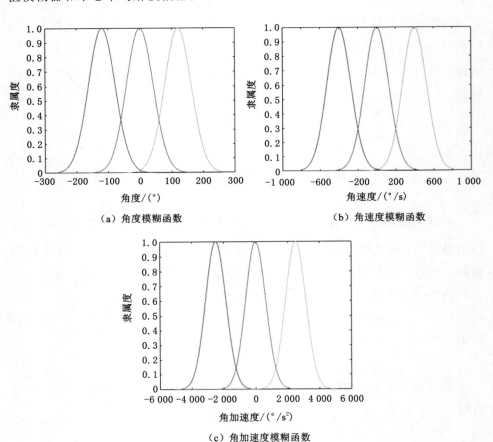

（a）角度模糊函数　　　　　　　　（b）角速度模糊函数

（c）角加速度模糊函数

图 9-2　模糊系统隶属度函数

9.2.2　控制器设计

定义滑模函数为

$$s = \dot{\tilde{\theta}} + \boldsymbol{\Lambda}\tilde{\theta} \tag{9-22}$$

式中　$\boldsymbol{\Lambda}$——三阶正定方阵；

　　　$\tilde{\theta}$——角度跟踪误差，$\tilde{\theta} = \theta - \theta_d$；

　　　θ_d——理想角度。

定义

$$\dot{\theta}_r = \dot{\theta}_d - \boldsymbol{\Lambda}\tilde{\theta} \tag{9-23}$$

由于 $s = \dot{\tilde{\theta}} + \boldsymbol{\Lambda}\tilde{\theta} = \dot{\theta} - \dot{\theta}_d + \boldsymbol{\Lambda}\tilde{\theta} = \dot{\theta} - \dot{\theta}_r$，那么

$$\bar{D}\dot{s} = \bar{D}\ddot{\theta} - \bar{D}\ddot{\theta}_r = \tau - \bar{C}\dot{\theta} - \bar{G} - F - \bar{D}\ddot{\theta}_r \tag{9-24}$$

考虑到模糊系统在对不确定项进行逼近时的误差造成的影响，在模糊自适应控制中加入鲁棒项 $W_{\mathrm{sgn}}(s)$ 以消除该逼近误差对控制系统造成的影响。

设计鲁棒模糊自适应控制率为

$$\tau = \bar{D}(\theta)\ddot{\theta}_r + \bar{C}(\theta,\dot{\theta})\dot{\theta}_r + \bar{G}(\theta) + \hat{F}^1(\theta,\dot{\theta} \mid \Theta^1) +$$
$$\hat{F}^2(\theta,\ddot{\theta} \mid \Theta^2) - K_D s - W_{\mathrm{sgn}}(s) \tag{9-25}$$

式中

$$K_D = \mathrm{diag}(K_i), K_i > 0, i = 1,2,3 \tag{9-26}$$

$$W = \mathrm{diag}(w_{M_i}), w_{M_i} > 0, i = 1,2,3 \tag{9-27}$$

$$\hat{F}^1(\theta,\dot{\theta} \mid \Theta^1) = \begin{pmatrix} \hat{F}^1_1(\theta,\dot{\theta} \mid \Theta^1) \\ \hat{F}^1_2(\theta,\dot{\theta} \mid \Theta^1) \\ \hat{F}^1_3(\theta,\dot{\theta} \mid \Theta^1) \end{pmatrix} = \begin{pmatrix} \Theta^{1\mathrm{T}}_1 \xi^1(\theta,\dot{\theta}) \\ \Theta^{1\mathrm{T}}_2 \xi^1(\theta,\dot{\theta}) \\ \Theta^{1\mathrm{T}}_3 \xi^1(\theta,\dot{\theta}) \end{pmatrix}$$

$$\hat{F}^2(\theta,\ddot{\theta} \mid \Theta^2) = \begin{pmatrix} \hat{F}^2_1(\theta,\ddot{\theta} \mid \Theta^2) \\ \hat{F}^2_2(\theta,\ddot{\theta} \mid \Theta^2) \\ \hat{F}^2_3(\theta,\ddot{\theta} \mid \Theta^2) \end{pmatrix} = \begin{pmatrix} \Theta^{2\mathrm{T}}_1 \xi^2(\theta,\ddot{\theta}) \\ \Theta^{2\mathrm{T}}_2 \xi^2(\theta,\ddot{\theta}) \\ \Theta^{2\mathrm{T}}_3 \xi^2(\theta,\ddot{\theta}) \end{pmatrix} \tag{9-28}$$

其中，$\xi^1(\theta,\dot{\theta})$ 和 $\xi^2(\theta,\ddot{\theta})$ 为模糊向量，$\Theta^{1\mathrm{T}}_i$ 和 $\Theta^{2\mathrm{T}}_i$ 根据自适应率而变化。

设计自适应率为

$$\dot{\Theta}_i^1 = -\Gamma_{1i}^{-1} s_i \xi^1(\theta,\dot{\theta}), i = 1,2,3$$

$$\dot{\Theta}_i^2 = -\Gamma_{2i}^{-1} s_i \xi^2(\theta,\ddot{\theta}), i = 1,2,3 \tag{9-29}$$

式中，自适应参数 Γ_{1i}、Γ_{2i} 满足 $\Gamma_{1i}>0$，$\Gamma_{2i}>0$。

模糊自适应鲁棒控制系统结构如图 9-3 所示。

9.2.3 稳定性分析

定义 Lyapunov 函数为

$$V(t) = \frac{1}{2}\left(s^{\mathrm{T}}\bar{D}s + \sum_{i=1}^{n}\widetilde{\Theta}_i^{1\,\mathrm{T}}\Gamma_{1i}\widetilde{\Theta}_i^1 + \sum_{i=1}^{n}\widetilde{\Theta}_i^{2\,\mathrm{T}}\Gamma_{2i}\widetilde{\Theta}_i^2\right) \tag{9-30}$$

其中，$\widetilde{\Theta}_i^1 = \Theta_i^{1*} - \Theta_i^1$，$\widetilde{\Theta}_i^2 = \Theta_i^{2*} - \Theta_i^2$，$\Theta_i^{1*}$、$\Theta_i^{2*}$ 为理想参数，Θ_i^1、Θ_i^2 为实际参数。

将式（9-16）、式（9-22）、式（9-23）和式（9-24）代入式（9-30），得

$$\dot{V}(t) = s^{\mathrm{T}}\bar{D}\dot{s} + \frac{1}{2}s^{\mathrm{T}}\dot{\bar{D}}s + \sum_{i=1}^{n}\widetilde{\Theta}_i^{1\,\mathrm{T}}\Gamma_{1i}\dot{\widetilde{\Theta}}_i^1 + \sum_{i=1}^{n}\widetilde{\Theta}_i^{2\,\mathrm{T}}\Gamma_{2i}\dot{\widetilde{\Theta}}_i^2$$

$$= s^{\mathrm{T}}(\bar{D}\dot{s} + \bar{C}s) + \sum_{i=1}^{n}\widetilde{\Theta}_i^{1\,\mathrm{T}}\Gamma_{1i}\dot{\widetilde{\Theta}}_i^1 + \sum_{i=1}^{n}\widetilde{\Theta}_i^{2\,\mathrm{T}}\Gamma_{2i}\dot{\widetilde{\Theta}}_i^2$$

$$= -s^{\mathrm{T}}(\bar{D}\ddot{\theta}_r + \bar{C}\dot{\theta}_r + \bar{G} + F - \tau) +$$

$$\sum_{i=1}^{n}\widetilde{\Theta}_i^{1\,\mathrm{T}}\Gamma_{1i}\dot{\widetilde{\Theta}}_i^1 + \sum_{i=1}^{n}\widetilde{\Theta}_i^{2\,\mathrm{T}}\Gamma_{2i}\dot{\widetilde{\Theta}}_i^2 \tag{9-31}$$

而模糊逼近误差分别为

$$\begin{cases} w^1 = F^1(\theta,\dot{\theta}) - \hat{F}^1(\theta,\dot{\theta} \mid \Theta^{1*}) \\ w^2 = F^2(\theta,\ddot{\theta}) - \hat{F}^2(\theta,\ddot{\theta} \mid \Theta^{2*}) \end{cases} \tag{9-32}$$

将式（9-20）、式（9-25）、式（9-26）、式（9-27）、式（9-28）和式（9-32）代入式（9-31），则

$$\dot{V}(t) = -s^{\mathrm{T}}(\bar{D}\ddot{\theta}_r + \bar{C}\dot{\theta}_r + \bar{G} + F - \tau) + \sum_{i=1}^{n}\widetilde{\Theta}_i^{1\,\mathrm{T}}\Gamma_{1i}\dot{\widetilde{\Theta}}_i^1 + \sum_{i=1}^{n}\widetilde{\Theta}_i^{2\,\mathrm{T}}\Gamma_{2i}\dot{\widetilde{\Theta}}_i^2$$

$$= -s^{\mathrm{T}}[F^1(\theta,\dot{\theta}) - \hat{F}^1(\theta,\dot{\theta} \mid \Theta^1) + F^2(\theta,\ddot{\theta}) - \hat{F}^2(\theta,\ddot{\theta} \mid \Theta^2) +$$

$$K_D s + W\mathrm{sgn}(s)] + \sum_{i=1}^{n}\widetilde{\Theta}_i^{1\,\mathrm{T}}\Gamma_{1i}\dot{\widetilde{\Theta}}_i^1 + \sum_{i=1}^{n}\widetilde{\Theta}_i^{2\,\mathrm{T}}\Gamma_{2i}\dot{\widetilde{\Theta}}_i^2$$

$$= -s^{\mathrm{T}}\{[F^1(\theta,\dot{\theta}) - \hat{F}^1(\theta,\dot{\theta} \mid \Theta^{1*})] + [\hat{F}^1(\theta,\dot{\theta} \mid \Theta^{1*}) - \hat{F}^1(\theta,\dot{\theta} \mid \Theta^1)]\} -$$

$$s^{\mathrm{T}}\{[F^2(\theta,\ddot{\theta}) - \hat{F}^2(\theta,\ddot{\theta} \mid \Theta^{2*})] + [\hat{F}^2(\theta,\ddot{\theta} \mid \Theta^{2*}) - \hat{F}^2(\theta,\ddot{\theta} \mid \Theta^2)]\} -$$

$$s^{\mathrm{T}}[K_D s + W_{\mathrm{sgn}}(s)] + \sum_{i=1}^{n}\widetilde{\Theta}_i^{1\,\mathrm{T}}\Gamma_{1i}\dot{\widetilde{\Theta}}_i^1 + \sum_{i=1}^{n}\widetilde{\Theta}_i^{2\,\mathrm{T}}\Gamma_{2i}\dot{\widetilde{\Theta}}_i^2$$

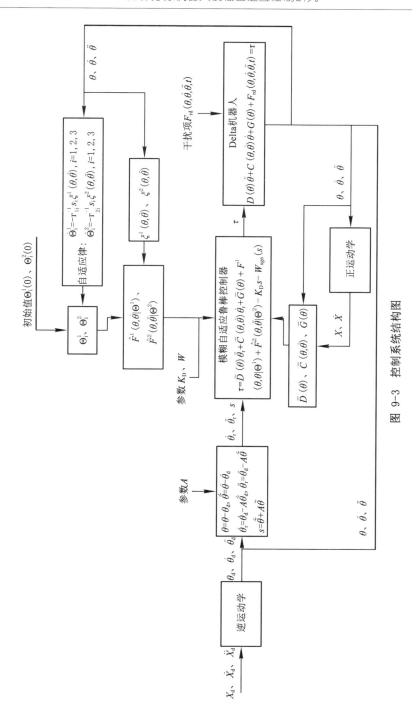

图 9-3　控制系统结构图

$$
\begin{aligned}
=& -s^{\mathrm{T}}\big[w^1 + \widetilde{\Theta}^{1\mathrm{T}}\xi^1(\theta,\dot{\theta}) + w^2 + \widetilde{\Theta}^{2\mathrm{T}}\xi^2(\theta,\ddot{\theta}) + K_D s + W_{\mathrm{sgn}}(s)\big] + \\
& \sum_{i=1}^{n}\widetilde{\Theta}_i^{1\mathrm{T}}\Gamma_{1i}\dot{\widetilde{\Theta}}_i^1 + \sum_{i=1}^{n}\widetilde{\Theta}_i^{2\mathrm{T}}\Gamma_{2i}\dot{\widetilde{\Theta}}_i^2
\end{aligned}
$$

$$
\begin{aligned}
=& -s^{\mathrm{T}}K_D s - s^{\mathrm{T}}\big[w^1 + w^2 + W_{\mathrm{sgn}}(s)\big] + \sum_{i=1}^{n}\big[\widetilde{\Theta}_i^{1\mathrm{T}}\Gamma_{1i}\dot{\widetilde{\Theta}}_i^1 - s_i\widetilde{\Theta}_i^{1\mathrm{T}}\xi^1(\theta,\dot{\theta})\big] + \\
& \sum_{i=1}^{n}\big[\widetilde{\Theta}_i^{2\mathrm{T}}\Gamma_{2i}\dot{\widetilde{\Theta}}_i^2 - s_i\widetilde{\Theta}_i^{2\mathrm{T}}\xi^2(\theta,\ddot{\theta})\big]
\end{aligned} \tag{9-33}
$$

由于 $\widetilde{\Theta}_i^1 = \Theta_i^{1*} - \Theta_i^1$，$\widetilde{\Theta}_i^2 = \Theta_i^{2*} - \Theta_i^2$，那么

$$
\dot{\widetilde{\Theta}}_i^1 = -\dot{\Theta}_i^1, \quad \dot{\widetilde{\Theta}}_i^2 = -\dot{\Theta}_i^2 \tag{9-34}
$$

将式(9-34)、式(9-29)代入式(9-33)得

$$
\begin{aligned}
\dot{V}(t) =& -s^{\mathrm{T}}K_D s - s^{\mathrm{T}}\big[w^1 + w^2 + W_{\mathrm{sgn}}(s)\big] + \\
& \sum_{i=1}^{n}\big[\widetilde{\Theta}_i^{1\mathrm{T}}\Gamma_{1i}\dot{\widetilde{\Theta}}_i^1 - s_i\widetilde{\Theta}_i^{1\mathrm{T}}\xi^1(\theta,\dot{\theta})\big] + \sum_{i=1}^{n}\big[\widetilde{\Theta}_i^{2\mathrm{T}}\Gamma_{2i}\dot{\widetilde{\Theta}}_i^2 - s_i\widetilde{\Theta}_i^{2\mathrm{T}}\xi^2(\theta,\ddot{\theta})\big] \\
=& -s^{\mathrm{T}}K_D s - s^{\mathrm{T}}\big[w^1 + w^2 + W_{\mathrm{sgn}}(s)\big] - \\
& \sum_{i=1}^{n}\big[\widetilde{\Theta}_i^{1\mathrm{T}}\Gamma_{1i}\dot{\Theta}_i^1 + s_i\widetilde{\Theta}_i^{1\mathrm{T}}\xi^1(\theta,\dot{\theta})\big] - \sum_{i=1}^{n}\big[\widetilde{\Theta}_i^{2\mathrm{T}}\Gamma_{2i}\dot{\Theta}_i^2 + s_i\widetilde{\Theta}_i^{2\mathrm{T}}\xi^2(\theta,\ddot{\theta})\big] \\
=& -s^{\mathrm{T}}K_D s - s^{\mathrm{T}}\big[w^1 + w^2 + W_{\mathrm{sgn}}(s)\big]
\end{aligned} \tag{9-35}
$$

取 $w_{M_i} \geqslant |w_i^1| + |w_i^2|$，$i = 1,2,3$，代入式(9-35)可得：$\dot{V}(t) \leqslant -s^{\mathrm{T}}K_D s \leqslant 0$。

当 $\dot{V}(t) \equiv 0$ 时，$s \equiv 0$，根据 LaSalle 不变性原理，$t \to \infty$ 时，$s \to 0$，那么 $\theta \to \theta_d$，即该控制系统收敛且收敛的速度取决于 K_D。由于 $V \geqslant 0$，$\dot{V} \leqslant 0$，则 V 有界，因此 s 和 $\widetilde{\Theta}_i$ 有界，但并不保证 $\widetilde{\Theta}_i$ 收敛于零。

9.3 模糊自适应鲁棒控制仿真

9.3.1 轨迹规划

Delta 并联机器人煤矸石分拣装置如图 9-4 所示。

由于该 Delta 并联机器人被用于选矸石，在工作台上常见的选矸石运动轨迹可以有多种，在本书运动轨迹选择 Bezier 曲线。

对于给定不重合的点 $P_0,P_1,P_2,\cdots,P_n$，则 n 阶 Bezier 公式可以表示为

$$
f(\varepsilon) = \sum_{i=0}^{n}\binom{n}{i}P_i(1-\varepsilon)^{n-i}\varepsilon^i
$$

图 9-4　Delta 并联机器人煤矸石分拣装置

$$= \binom{n}{0} P_0 (1-\varepsilon) n\varepsilon^0 + \binom{n}{1} P_1 (1-\varepsilon)^{n-1} \varepsilon^1 + \cdots +$$

$$\binom{n}{n-1} P_{n-1} (1-\varepsilon)^1 \varepsilon^{n-1} + \binom{n}{n} P_n (1-\varepsilon)^0 \varepsilon^n, \varepsilon \in [0,1] \qquad (9\text{-}36)$$

考虑机器人结构参数，选择运动轨迹为 4 阶 Bezier 曲线，如图 9-5 所示。

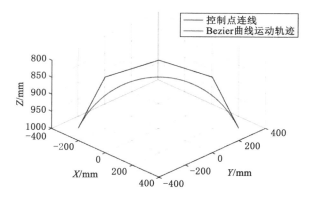

图 9-5　Delta 并联机器人选矸石运动轨迹

选定 Bezier 控制点后，位置函数 $\varepsilon(t), t \in [0,1]$ 决定了机器人在运动过程中的 Bezier 曲线位置，且对于运动过程设置如下限制条件

$$\begin{cases} \varepsilon(0) = 0; \varepsilon(1) = 1; \\ \dot{\varepsilon}(0) = 0; \dot{\varepsilon}(1) = 0; \\ \ddot{\varepsilon}(0) = 0; \ddot{\varepsilon}(1) = 0; \end{cases} \qquad (9\text{-}37)$$

在仿真中,位置函数选择五次多项式

$$\varepsilon(t) = a_1 t^5 + a_2 t^4 + a_3 t^3 + a_4 t^2 + a_5 t + a_6, t \in [0,1] \qquad (9\text{-}38)$$

式中,a_1、a_2、a_3、a_4、a_5、a_6 为参数。将式(9-37)代入式(9-38)可得位置函数如下

$$\varepsilon(t) = 6t^5 - 15t^4 + 10t^3, t \in [0,1] \qquad (9\text{-}39)$$

位置函数 $\varepsilon(t)$ 的图像如图 9-6 所示。

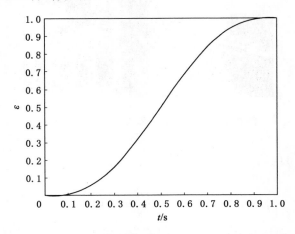

图 9-6　位置函数图像

9.3.2　仿真结果

本书通过 MATLAB 软件建立了仿真模型,该模型中考虑了 Delta 并联机器人的几个不确定性:在每次选矸石运动中矸石质量(负载)的不确定;关节摩擦力矩的不确定;机器人运动过程中由外部干扰导致的不确定。

在该 Delta 并联机器人运动控制仿真中,设置各不确定部分的大小或范围如下。

矸石质量范围:$m_e = 0 \sim 4$ kg;

关节摩擦力矩:

$$F_r(\dot{\theta}) = [3\dot{\theta}_1 + 0.2\mathrm{sgn}(\dot{\theta}_1); 2\dot{\theta}_2 + 0.2\mathrm{sgn}(\dot{\theta}_2); 2\dot{\theta}_3 + 0.2\mathrm{sgn}(\dot{\theta}_3)];$$

式中,$F_r(\dot{\theta})$ 单位为 N·m,$\mathrm{sgn}(\dot{\theta}_i) = \begin{cases} 1, \dot{\theta}_i > 0 \\ 0, \dot{\theta}_i = 0 \\ -1, \dot{\theta}_i < 0 \end{cases}, i = 1, 2, 3$

扰动力矩为

$$\tau_d(t) = [0.2\sin(20t); 0.1\sin(20t); 0.1\sin(20t)]$$

其中,$\tau_d(t)$ 单位为 N·m;t 单位为 s。

在仿真中设定默认矸石质量为 $m_e^0 = 2$ kg,为了让该模糊自适应鲁棒控制器的控制效果更加直观,设计普通的计算力矩控制器,控制器的输入为

$$\tau = D(\theta)(\ddot{\theta}_d - K_v \dot{\tilde{\theta}} - K_p \tilde{\theta}) + C(\theta, \dot{\theta})\dot{\theta} + G(\theta) \qquad (9\text{-}40)$$

式中,控制器参数为

$$\begin{cases} K_v = \operatorname{diag}(k_i^v), k_i^v > 0, i = 1, 2, 3 \\ K_p = \operatorname{diag}(k_i^p), k_i^p > 0 \, i = 1, 2, 3 \end{cases} \qquad (9\text{-}41)$$

设定在该 Bezier 曲线运动中实际的矸石质量变化为 $m_e = 0 \sim 4$ kg,对比两种控制器的仿真结果,其结果如图 9-7、图 9-8 所示。

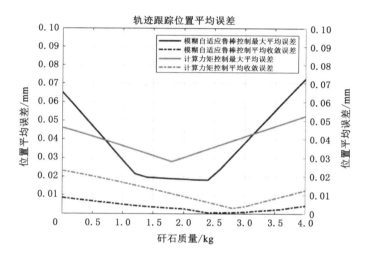

图 9-7　矸石质量变化的轨迹跟踪位置平均误差

由图 9-7 可以看出:当矸石质量发生变化时,对比两种控制方式下的轨迹跟踪位置的最大平均误差及平均收敛误差可知,模糊自适应鲁棒控制的最大平均误差小于 0.1 mm 且平均收敛误差小于 0.01 mm;计算力矩控制的最大平均误差小于 0.6 mm 而平均收敛误差在 0.05~0.25 mm 范围内波动。由图 9-8 可以看出:当矸石质量发生变化时,对比两种控制方式下的轨迹跟踪角度的最大平均误差及平均收敛误差可知,模糊自适应鲁棒控制的最大平均误差小于 0.01°且平均收敛误差小于 0.001°;计算力矩控制的最大平均误差在 0.1°左右波动而平均收敛误差在 0.01°~0.06°范围内波动。因此,模糊自适应鲁棒控制对于变负载的矸石分拣控制具有更小的收敛误差波动,即具有更好的适应性。

取其中一种情况进行具体分析,即实际的矸石质量 $m_e = 4$ kg 时,在该 Bezier 曲线运动中对比两种控制器的仿真结果,其结果如图 9-9~图 9-12 所示。

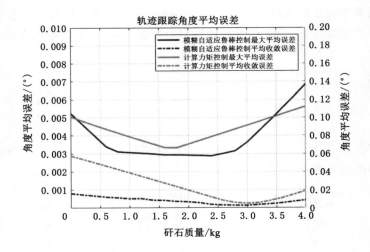

图 9-8　矸石质量变化的轨迹跟踪角度平均误差

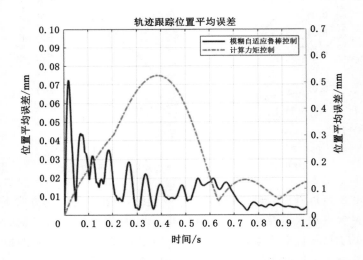

图 9-9　两种控制器轨迹跟踪位置平均误差

由图 9-9 和图 9-10 可以看出,在模糊自适应鲁棒控制器的作用下,Delta 并联机器人在运动过程中的位置平均误差收敛于 0.01 mm 以内,角度平均误差收敛于 0.001°以内;而在计算力矩控制器的作用下,Delta 并联机器人在运动过程中产生的位置平均误差收敛于 0.1 mm 左右,角度平均误差收敛于 0.02°左右。因此,可以认为在高速重负载的矸石分拣情况下,前者的控制性能要好于后者。

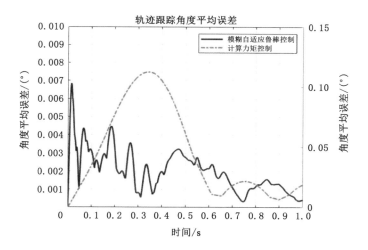

图 9-10　两种控制器轨迹跟踪角度平均误差

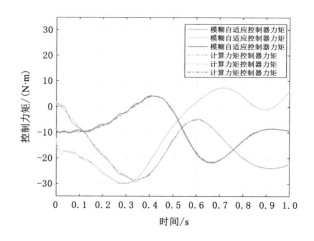

图 9-11　两种控制器的各关节输入力矩

图 9-11 所示是在两种控制器控制下各关节的输入力矩图,可以看出在相同的规划轨迹下,由于 Delta 并联机器人动力学耦合性很强,同种控制器的各关节输入力矩有较大差距,且非线性较强;两种控制器下的各关节力矩略有不同,其中模糊自适应鲁棒控制器下的关节力矩更近似于理想的关节力矩。

图 9-12 所示是对于各关节不确定项 $F(\theta,\dot{\theta},\ddot{\theta})$ 的模糊逼近值 $\hat{F}(\theta,\dot{\theta},\ddot{\theta}\mid\Theta)$,由图 9-12 可以看出:在 $0\sim0.5\,\mathrm{s}$ 内,模糊系统对不确定项进行逼近且变化较频

繁,0.5～1 s 内进入拟合阶段不再变化频繁,图 9-12 中的各关节力矩图对比也能印证这一特点;同时从图 9-9 和图 9-10 可以看出,0.5～1 s 内平均位置误差和平均角度误差也将进入收敛阶段。

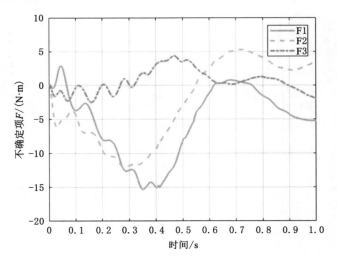

图 9-12　各关节不确定项的模糊逼近值

9.4　本章小结

（1）分析了现有煤矸石分拣机器人的研究现状,提出一种结构刚度大、自重负载比小、运动精度高、响应迅速且容易实现高速运动的 Delta 并联机器人矸石分拣方案。推导了 Delta 并联机器人运动学方程,基于虚功原理建立了简化的 Delta 并联机器人动力学方程。

（2）针对 Delta 并联机器人的非线性和分拣矸石质量不同的问题,提出一种模糊自适应鲁棒控制算法。该算法考虑了摩擦力矩和外部环境干扰的问题,将其与矸石质量导致的动力学参数估计误差作为控制系统的不确定项建立模糊系统,能够适应于煤矸分拣的环境。

（3）进行了 Delta 并联机器人仿真实验,与计算力矩控制对比,模糊自适应鲁棒控制算法在分拣的矸石质量不同时具有更小的最大平均误差和平均收敛误差,验证了该算法在煤矸分拣上有更好的适应性。

10　煤矸分拣机器人实验研究

矸石位置信息是实现煤矸自动分拣的重要基础,本章在煤矸图像识别算法原理基础上进行煤矸分拣系统的软件功能设计,通过分拣软件得到矸石的位置数据信息;对煤矸分拣系统进行系统综合标定,建立目标矸石位置信息与机器人基坐标系之间的关系,并通过 Delta 并联机器人实现目标矸石的跟踪和分拣工作;针对煤矸图像筛选和重复性问题进行分析并提供解决方案,最后在实验室进行煤矸分拣实验。

10.1　煤矸分拣系统软件功能设计

煤矸分拣系统软件功能设计可以分为图像识别软件功能设计和分拣机器人运动控制系统软件功能设计两大部分。

(1) 图像识别软件功能模块采用循环工作模式,传送带处于持续工作状态。系统软件实时监控 IO 端口信号,当检测有高电平,触发 CCD 相机采集煤矸图像并将图像数据传入图像处理单元并经过预处理、图像分割、中心抓取位置定位、灰度与纹理特征提取、分类识别等操作,最后提取目标矸石位置坐标信息传入机器人控制系统中的目标信息数据库里,再由机器人运动控制器调用并规划抓取路径完成矸石抓取。

(2) 机器人运动控制系统软件功能模块也采用循环工作方式,实时读取目标信息数据库中矸石的位置。当有矸石位置信息数据传入目标信息数据库时,MM240/A 编码器模块将会触发一个锁存事件,用于记录此时编码器读数与传送带速度信息,对矸石进行实时跟踪。机器人控制器根据反馈回来的编码器数值计算得到目标矸石的实时位置,根据传送带速度,规划目标矸石的抓取位置,通过运动学逆解得到各电机轨迹,利用 Delta 并联机器人完成矸石的分拣工作。分拣动作完成后,系统将会从数据库中删除已完成抓取动作的矸石位置信息,并进行下一次矸石分拣循环工作。

目标信息数据库起到了一个信息传递的作用,将图像识别软件与机器人运动控制软件之间建立联系,提高了整个系统的利用效率和协调稳定性。煤矸分拣系统的软件流程如图 10-1 所示。

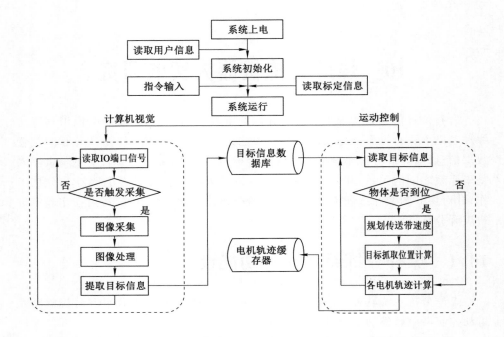

图 10-1　系统软件流程图

10.1.1　煤矸分拣系统运动控制软件设计

10.1.1.1　视觉跟踪模块软件设计

视觉跟踪功能:该功能由视觉处理功能(Vision)和传送带跟踪功能(Tracking)两部分组成。其中传送带需要外加外部编码器,需要用到 MM240 模块。

（1）PLC 配置

本书分拣所使用的程序是标准的 Delta 并联机器人模板程序,首先要进行 PLC 程序的配置。

① 对视觉摄像头进行配置工作:在 KeStudio 中添加一个视觉模块和摄像头,摄像头分为通用摄像头和康耐视摄像头,本书选用通用摄像头进行图像采集,根据实际情况进行 IP 地址和端口配置,如图 10-2 所示。

② 传送带外置编码器配置:编码器的反馈值是通过 Count 口进入系统,它在程序中会被用来更新传送带的位置,如图 10-3 所示。

（2）传送带跟踪功能的实现

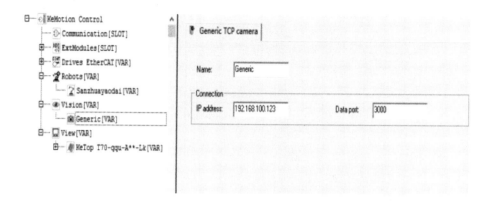

图 10-2　IP 端口配置

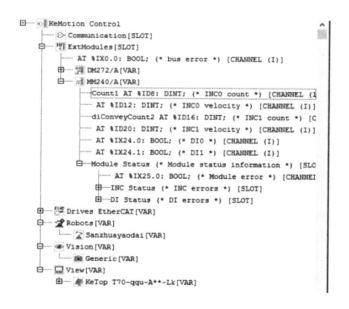

图 10-3　传送带接口配置

① 在对 PLC 完成相应功能编写之前,先在 Library Manager 中添加 Rc-Tracking.lib 和 KVision.lib 两个库文件,如图 10-4 所示。

② 在 POU 中创建子程序 UserPreUpdate,并添加功能块——RCTR_UpdateConvInterface,如图 10-5 所示。

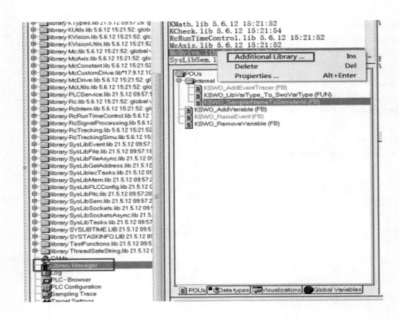

图 10-4　添加视觉跟踪库

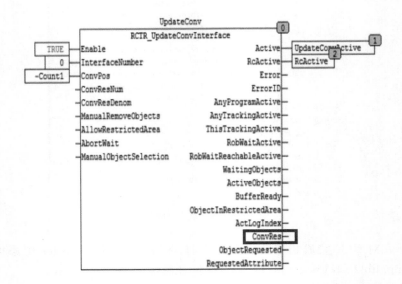

图 10-5　RCTR_UpdateConvInterface 功能块

其中"传送带编码器的精度"可以有两种方式得到：一种是在机械中直接换算得到传送带每走 1 mm 的距离，编码器的位置会有多少变化；另一种是在 RC 上通过向导示教操作，由系统自动算出精度的汇率。如果采用第二种方式，该引脚则应该由传送带的 ConvRes 输入。

③ 至此传送带的跟踪功能在 PLC 端配置完成。

10.1.1.2　视觉功能实现

① 在 POU 上新建一个子程序 Vision，并在 UserPreUpdate 调用该程序；

② 在 Vision 程序中添加通用视觉的 KVIS_TCPClient 功能块并完善；

③ 物体经过视觉采集区域时，会不可避免地伴随重复拍摄的问题出现，需要对拍摄图片中的目标物体进行筛选，因此需要用到 RCTR_FilterObjectsExtEnc 功能块，并将它和上面的 KVIS_TCPClient 功能块衔接；

④ 在经过上述过滤功能块之后，通过 RCTR_AddObjectList 将新的物件交给 RC，让机器人完成物体的跟踪抓取；

说明：图中的'0'对应的是传送带跟踪功能在 RC 中对应的端口号。

⑤ 完成所有视觉跟踪功能模块软件设计，通过编译下载到软 PLC 中去。

根据以上步骤搭建视觉功能框图如图 10-6 所示。

10.1.2　煤矸图像识别定位软件设计

本书软件系统是在 Visual Studio. NET2010 软件平台基础上，基于 C♯ 语言与 Halcon 视觉软件算法库，通过调用相关库函数编写煤矸图像识别定位软件。通过系统软件编程完成煤矸的识别和定位功能，并将视觉处理得到的目标位置信息通过 TCP 协议传送给图像位置信息数据库，结合传送带标定转换成机器人坐标系下的坐标位置，此时再由机器人控制系统对数据进行处理，进行轨迹规划并完成跟踪和抓取动作。图 10-7 所示为煤矸图像识别定位系统软件设计流程。

10.1.2.1　图像识别软件功能介绍

图 10-8 所示为煤矸图像识别定位软件主界面。其中左窗口为图像显示窗口，用于显示实时图像信息；左侧下部为消息显示窗口，用于显示程序运行过程中的信息及识别矸石的坐标位置信息；右侧从上至下分别为结果显示区、快捷键操作区、功能操作控制区。结果显示区用于显示矸石识别置信度，快捷键操作区用于图像分割阈值调节，功能操作控制区主要是一些功能按键。

图 10-9 所示为创建煤矸分类器操作界面。首先"加载测试样本"选择提前采集好的煤和矸石样本图片，点击"训练样本"系统利用 SVM 分类器进行煤矸样本训练并得到一个煤矸分类器，保存该煤矸分类器以便于后期煤矸在线分拣时调用。

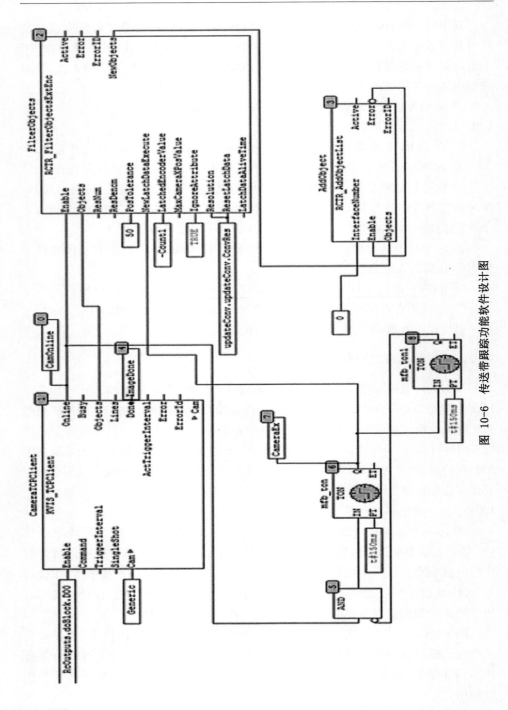

图 10-6 传送带跟踪功能软件设计图

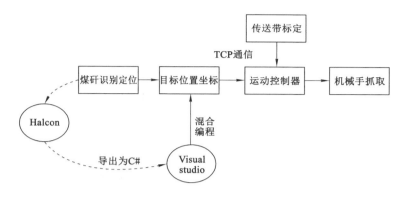

图 10-7　煤矸图像识别定位系统软件设计流程

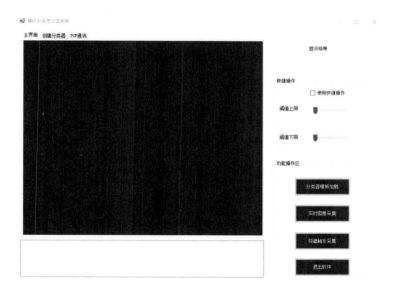

图 10-8　煤矸图像识别定位软件主界面

10.1.2.2　图像识别算法模块

图像实时采集算法模块：本书有按键触发和外部硬件触发两种采集方式。采集方式基于相机的 SDK 进行开发，图像采集分为三步：初始化操作、中断响应操作以及最后的关闭相机。本书图像采集算法是在 Teledyne DALSAG 自带的例程 GigECameraDemo_2010 的基础上进行的二次开发。当选择按键触发时，点击"按键触发采集"按钮，此时调用相机 SDK 函数库中的实时采集函数 Snap()，并显示在图形显示窗口中。

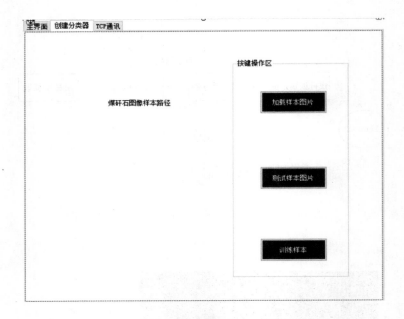

图 10-9　分类器创建操作界面

private void button_Snap_Click(object sender,EventArgs e)

{

　　UpdateCompressionQuality()

　　AbortDlg abort＝new AbortDlg(m_Xfer);

　　if (m_Xfer. Snap())

　　{

　　　　If(abort. ShowDialog()！＝DialogResult. OK)

　　　　　　m_Xfer. Abort();

　　　　Updatctontrols()

　　}

}

　　当采用外部硬件触发时,点击"实时图像采集"按钮,则系统进入外部触发模式,此时程序实时监听 IO 端口,若有高电平信号,则变量 IO_Pulsesignal＝TRUE,函数 IO_ThreadFunction()执行图像采集功能函数、煤矸图像识别功能函数及图像显示功能函数。

```
///<summary>
///IO 线程函数
///</summary>
private void IO_ThreadFunction()
{
    IO_TreadStop=false;
    while(! IO_ThreadStop&&IO_Pulsesignal)
    {
```

图像采集功能函数

煤矸图像识别功能函数

图像显示功能函数

```
    }
}
```

10.1.2.3　煤矸图像分割算法模块

该模块针对采集到的图像需要进行图像预处理。根据第 4 章对图像预处理方法的讲解,得到本书煤矸图像预处理算法软件流程如图 10-10 所示。

10.1.2.4　煤矸图像特征提取算法模块

煤矸图像特征提取主要分为灰度特征提取和纹理特征提取,将预处理得到的特征区域图像分别进行煤矸石的灰度特征和纹理特征提取。其算法流程如图 10-11所示。

10.1.2.5　煤矸分类识别算法模块

该算法模块主要分为煤矸样本训练和分类识别两个部分。对经过图像预处理和图像分割处理后得到的煤矸图像进行灰度和纹理特征提取,在归一化处理后原来的煤矸图像信息抽样成一个向量化的样本集,分别对煤和矸石样本按上述方式进行训练并构建煤矸分类器模型。将测试样本图像按上述处理方式抽样化成一个向量化的测试样本集,并与之前训练好的煤矸分类器模板进行相似度计算,从而判断该样本集所属类别。以上即为基于 SVM 分类器构建煤矸分类器模型的方法,其相关处理流程如图 10-12 所示。

整个煤矸图像识别定位软件是在煤矸图像识别方法的基础上进行编写的。各功能算法都采用模块化的方式,方便各功能块之间的相互调用,提高了整个识别算法的编程效率和可重复利用性。

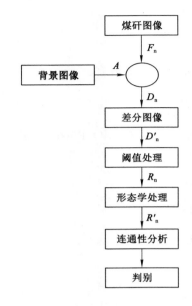

图 10-10　煤矸图像预处理算法软件流程

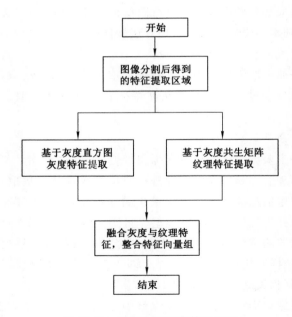

图 10-11　煤矸特征提取算法流程

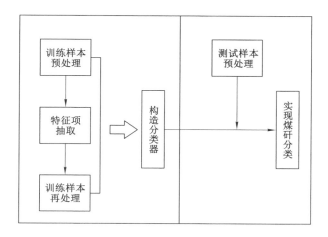

图 10-12 基于 SVM 算法流程

10.2 煤矸分拣系统综合标定

矸石坐标位置确定后,机器人想准确地完成抓取工作还需要进行系统的综合标定,从而将图像识别得到的坐标位置信息转换到机器人坐标系下的位置信息。机器人视觉分拣系统都需要进行系统的标定,包括机器人本体标定、相机标定及手眼标定,其相关参考文献较多。视觉系统与机器人、传送带之间的综合标定是机器人实现高精度抓取控制的基础。由于 Delta 并联机器人的理想结构参数与实际结构参数相比通常存在偏差,并且在安装过程中不能保证传送带移动方向平行于机器人坐标系 X 轴,传送带平面垂直于机器人坐标系 Z 轴方向,它们之间存在微小角度偏差,从而影响机器人的精度。直接提高机械加工与安装精度将极大地增加制造成本,因此本书针对传统传送带与视觉标定方法进行了改进,可以避免机器人安装误差所带来的抓取精度的影响。最后在此基础上完成了传送带与视觉系统标定实验,验证了该标定方法的可行性。

10.2.1 传送带系统与机器人系统之间标定

如图 10-13 所示,建立系统坐标系。设机器人上建立的机器人坐标系为 $R\text{-}X_RY_RZ_R$,在 CCD 工业相机建立相机坐标系为 $V\text{-}X_VY_VZ_V$,并在该相机视野中以传送带平面为 XY 平面建立传送带初始坐标系 $C\text{-}X_CY_CZ_C$,其中 X_C 方向与传送带运动方向一致。

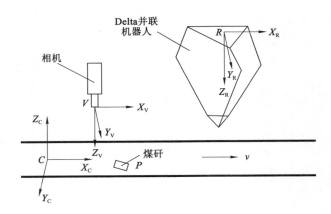

图 10-13　系统坐标系

（1）转换矩阵和比例因子

煤矸在传送带上一直处于运动状态，所谓的传送带标定就是计算传送带相对于机器人坐标系的位姿。用矩阵 H_C^R 就能够表示出两坐标系之间的转换关系。传送带标定过程实际上就是求 H_C^R 的过程，传送带初始点在相机测量下的姿态 P^C，则该点在机器人坐标系下的姿态为

$$P^R = H_C^R P^C \tag{10-1}$$

由于传送带坐标系是沿着传送带运动的方向动态变化的，此时我们可以通过编码器的变化来计算变化的数值，引入一个参数——传送带编码器比例因子（encoder factor），该参数表示当传送带移动一段距离，在此段距离中分别在机器人坐标系和编码器上有相应的读数，而机器人坐标下读数变化量与编码器读数变化量的比例关系即是比例因子。

（2）传送带的标定方法

本次传送带标定是在 Kemotion 机器人控制系统基础上完成的，该控制器具有传送带跟踪功能模块，完成相关配置工作并将视觉坐标系偏移到传送带上，建立一个名为 trackingbase 的传送带坐标系，整个标定过程可以借助示教器实时显示机器人末端坐标位置点及编码器反馈的数值。标定步骤如下：

① 在视觉范围内放置物件，然后点击"工件抓取"按钮，此时通过示教器查看物体在编码器的读数 V_{e0}，如图 10-14 所示。

② 启动传送带，将工件移动到机器人工作区间内暂停传送带，通过示教器手动将机器人 JOG 运行到工件抓取位置处（即图 10-15 中所示 P1 点），记录机器人位置 $P_1^R(x_1, y_1, z_1)$ 和编码器读数 V_{e1}。

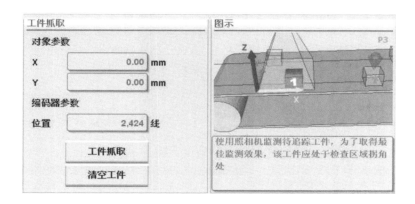

图 10-14　标定块 1 起始位置

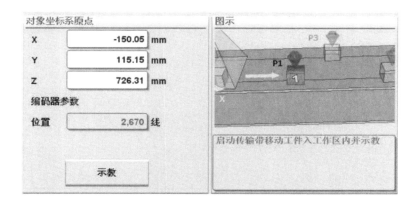

图 10-15　P1 点位置

　　③ 重启传送带,移动工件运行一段距离(工件仍在抓取范围之内),再次暂停传送带,将机器人 JOG 移到工件抓取点上方位置(即图 10-16 中 P2 点),记录机器人位置 $P_2^R(x_2, y_2, z_2)$ 和编码器位置 V_{e2}。

　　④ 另选工件 2,并将它放在视觉范围内的第一个工件的对角点(为了提高精度,与工件 1 在 Y 方向上要有一个尽量大的偏差)。然后点击"工件抓取",记录编码器读数 V_{e3},如图 10-17 所示。

　　⑤ 开启传送带,移动工件 2 到机器人的工作空间中部,暂停传送带,将机器人 JOG 移动到工件 2 的抓取位置 P3 点,记录下机器人和编码器的位置。记录机器人坐标系中的位置 $P_3^R(x_3, y_3, z_3)$,和编码器读数 V'_{e3},如图 10-18 所示。

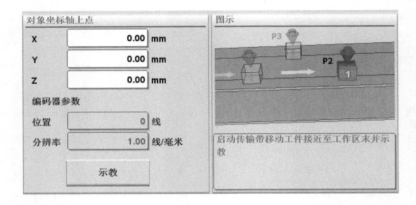

图 10-16　P2 点位置

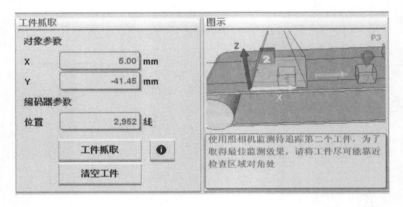

图 10-17　标定块 2 起始点位置

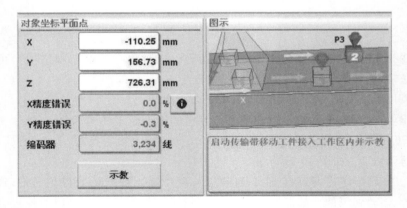

图 10-18　P3 点位置

综上所述,如图 10-19 所示,标出在机器人抓取范围内的 P_1^R、P_2^R、P_3^R 与 O_C^R 坐标点,其中 O_C^R 表示动态的传送带原点位置。根据以上数据可以得到比例因子

$$\Delta L_R = \sqrt{(x_{2-}x_1)^2 + (y_{2-}y_1)^2 + (z_{2-}z_1)^2} \tag{10-2}$$

$$\Delta L_C = V_{e2} - V_{e1} \tag{10-3}$$

$$\mathrm{Factor}_C = \frac{\Delta L_R}{\Delta L_C} \tag{10-4}$$

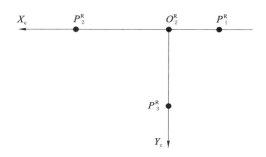

图 10-19 传送带坐标

由上述公式可知,若已知传送带移动的一段距离中起始端和末端位置时的编码器读数 V_{e1} 与 V_{e2},即可根据比例因子求得目标物体在传送运动方向上的移动距离

$$\Delta L = (V_{e2} - V_{e1})\mathrm{Factor}_C \tag{10-5}$$

传送带坐标系原点经过一段距离 ΔL_1 后进入机器人抓取范围之内,此时移动后的传送带坐标系原点相对于机器人坐标系的坐标设为 O_C^R,其中 $\Delta L_1 = (V'_{e3} - V_{e3})\mathrm{Factor}_C$。

根据传送带坐标矢量图可建立如下关系式

$$\begin{cases} (P_3^R - O_C^R) \cdot (P_2^R - P_1^R) = 0 \\ ||(P_1^R - O_C^R) \times (P_2^R - P_1^R)|| = 0 \\ (P_1^R - O_C^R) \times (P_2^R - P_1^R) \cdot (P_2^R - P_1^R) = 0 \end{cases} \tag{10-6}$$

通过上式可求得

$$O_C^R = (x_{C_0}^R, y_{C_0}^R, z_{C_0}^R)^\top \tag{10-7}$$

$$
\begin{cases}
\begin{aligned}
x_{C_0}^R = & (x_1^2\,x_3 - 2\,x_1\,x_2\,x_3 - x_1\,y_2\,y_3 + x_1\,y_1\,y_3 + x_1\,y_2^2 - \\
& x_1\,y_2\,y_3 - x_1\,z_1\,z_2 + x_1\,z_1\,z_3 + x_1\,z_2^2 - x_1\,z_2\,z_3 + \\
& x_2^2\,x_3 + x_2\,y_1^2 - x_2\,y_1\,y_2 - x_2\,y_1\,y_3 + x_2\,y_2\,y_3 + \\
& x_2\,z_1^2 - x_2\,z_1\,z_2 - x_2\,z_1\,z_3)/\big[(x_1 - x_2)^2\cdot \\
& (y_1 - y_2)^2\,(z_1 - z_2)^2\big]
\end{aligned} \\[4pt]
\begin{aligned}
y_{C_0}^R = & (x_1^2\,y_2 - x_1\,x_2\,y_1 - x_1\,x_2\,y_2 + x_1\,x_3\,y_2 + \\
& x_1\,y_2^2 - x_2\,x_3\,y_1 + x_2\,x_3\,y_2 + y_1^2\,y_3 - 2\,y_1\,y_2\,y_3 - \\
& y_1\,z_1\,z_2 + y_1\,z_1\,z_3 + y_1\,z_2^2 - y_1\,z_2\,z_3 + y_2^2\,y_3 + \\
& y_2\,z_1^2 - y_2\,z_1\,z_2 - y_2\,z_1\,z_3 + y_2\,z_2\,z_3)/\big[(x_1 - x_2)^2\cdot \\
& (y_1 - y_2)^2\,(z_1 - z_2)^2\big]
\end{aligned} \\[4pt]
\begin{aligned}
z_{C_0}^R = & (x_1^2\,z_2 - x_1\,x_2\,z_1 - x_1\,x_2\,z_2 + x_1\,x_3\,z_2 + \\
& x_1\,x_3\,z_1 - x_1\,x_3\,z_2 + x_2^2\,z_1 - x_2\,x_3\,z_1 + x_2\,x_3\,z_2 + \\
& y_1^2\,z_2 - y_1\,y_2\,z_1 - y_1\,y_2\,z_2 + y_1\,y_3\,z_1 - y_1\,y_3\,z_2 + \\
& y_2^2\,z_1 - y_2\,y_3\,z_2 + z_1^2\,z_3 - 2\,z_1\,z_2\,z_3 + z_2^2\,z_3)/ \\
& \big[(x_1 - x_2)^2\,(y_1 - y_2)^2\,(z_1 - z_2)^2\big]
\end{aligned}
\end{cases} \tag{10-8}
$$

代入 P_1^R、P_2^R、P_3^R 坐标值得

$$
O_C^R = (-788.763, -232.751, -862.108)^{\mathrm{T}}
$$

得到传送带基坐标系的表达式为

$$
\begin{cases}
\vec{X_C} = \dfrac{((P_2^R)^T - O_C^R)}{||\,(P_2^R)^T - O_C^R\,||} \\[10pt]
\vec{Y_C} = \dfrac{((P_3^R)^T - O_C^R)}{||\,(P_3^R)^T - O_C^R\,||} \\[10pt]
\vec{Z_C} = \vec{X_C} \times \vec{Y_C}
\end{cases} \tag{10-9}
$$

代入得到的 O_C^R 坐标值得

$$
\vec{X_C} = (0.135\,7, -0.990\,8, 0.000\,1)^{\mathrm{T}}
$$

$$
\vec{Y_C} = (0.134\,5, 0.018\,3, 0.990\,8)^{\mathrm{T}}
$$

$$
\vec{Z_C} = (-0.981\,6, -0.134\,5, 0.135\,7)^{\mathrm{T}}
$$

如图 10-20 所示,传送带原始坐标系为 C',运行 ΔL_1 后得到的坐标系 C,机器人坐标系 R,用 H_C^C 来表示原始传送带坐标系 C' 与运行 ΔL_1 得到的坐标系 C 之间的关系矩阵,H_C^R 表示运行 ΔL_1 得到的坐标系 C 相对于机器人坐标系的关系矩阵。

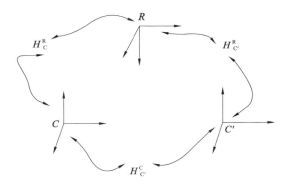

图 10-20 坐标系变换

通过式(10-7)、式(10-8)、式(10-9)求得动态传送带坐标系与机器人坐标系的转换矩阵 H_C^R

$$H_C^R = \begin{bmatrix} \vec{X_C} & \vec{Y_C} & \vec{Z_C} & O_C^R \\ 0 & 0 & 0 & 1 \end{bmatrix} \tag{10-10}$$

而图中

$$H_{C'}^C = \text{Trans}_{X_{C,}\cdot\Delta L_1} = \begin{bmatrix} 1 & 0 & 0 & \Delta L_1 \\ 0 & 1 & 1 & 0 \\ 0 & 0 & 1 & 0 \\ 0 & 0 & 0 & 1 \end{bmatrix} \tag{10-11}$$

所以可求得传送带原始坐标点相对于机器人坐标系的关系矩阵

$$H_{C'}^R = H_C^R H_{C'}^C = \begin{bmatrix} \vec{X_C} & \vec{Y_C} & \vec{Z_C} & O_C^R \\ 0 & 0 & 0 & 1 \end{bmatrix} \begin{bmatrix} 1 & 0 & 0 & \Delta L_1 \\ 0 & 1 & 1 & 0 \\ 0 & 0 & 1 & 0 \\ 0 & 0 & 0 & 1 \end{bmatrix} \tag{10-12}$$

目标点在机器人坐标系下的位置为 P^R,相机测量点在传送带初始坐标系中初始点为 P^C,则两者关系可用下式表达

$$P^R = H_C^R \text{Trans}_{X_{C,}\cdot\Delta L} P^C \tag{10-13}$$

其中

$$\text{Trans}_{X_{C,}\cdot\Delta L} = \begin{bmatrix} 1 & 0 & 0 & \Delta L \\ 0 & 1 & 1 & 0 \\ 0 & 0 & 1 & 0 \\ 0 & 0 & 0 & 1 \end{bmatrix} \tag{10-14}$$

通过此种标定方法能够得到更为精确的传送带坐标系与机器人坐标系之间的转换关系矩阵,避免装配误差带来的影响。

10.2.2 视觉系统与传送带系统之间标定

传送带标定实际上是为了解决相机在机器人操作范围之外的工作情况。通过传送带标定实验,可以得到传送带坐标系与相机坐标系之间的关系表达式,再与 10.2.1 小节得到的 H_C^R 结合,进一步得到相机坐标系与机器人坐标系之间的关系矩阵。

基于传送带的标定步骤:

(1) 如图 10-21 所示,对相机进行标定,得到相机的内参数,读得目标点在相机坐标系下的位置 P_i^V。

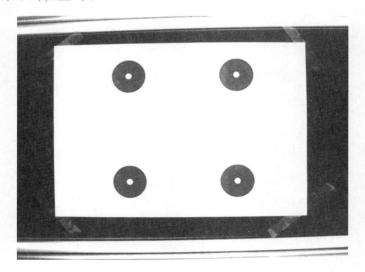

图 10-21　目标点

(2) 如图 10-22 所示,本系统相机在机器人操作空间之外,因此在进行相机外参数标定时需要引入编码器数值。首先将目标点放在视觉操作范围之内,相机进行定位后计算此时标定块的四个目标点相对于相机坐标系的位置 P_1^V、P_2^V、P_3^V 及 P_4^V,启动传送带使得传送带移动到机器人操作范围之内,用机器人的 JOG 分别接触这四个目标点,得到 $P_1'^R$、$P_2'^R$、$P_3'^R$ 及 $P_4'^R$。

由前面所得到的比例因子 $Factor_C$ 和两坐标系的转换关系 H_C^R 得到相机坐标系与传送带坐标系的转换关系

$$P_i'^R = H_C^R \, \mathrm{Trans}_{X_{C,\Delta L}} (H_V'^C P_i^V), i = 1,2,3,4 \tag{10-15}$$

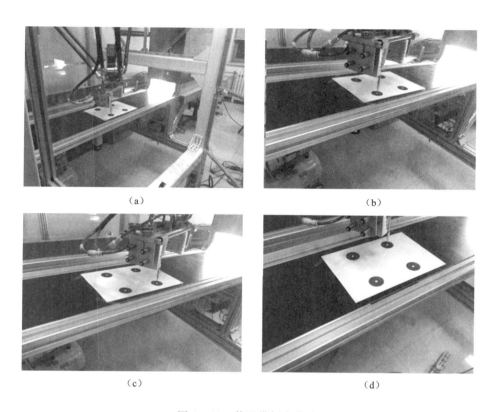

（a）　　　　　　　　　　　　　（b）

（c）　　　　　　　　　　　　　（d）

图 10-22　传送带标定实验

相机坐标系与传送带坐标系的转换矩阵表达式为

$$H_V'^C = (H_C^R)^{-1} (\mathrm{Trans}_{X_{C,\Delta L}})^{-1} P_i'^R (P_i^V)^{-1} \tag{10-16}$$

10.2.3　系统综合标定实验与数据

传统的传送带标定方式未考虑传送带坐标系与机器人坐标系之间的角度偏转误差，本书通过改进传统传送带标定方法，得到了更加精确的两坐标系之间的转换关系矩阵，并通过实验来比较两种标定方法对系统误差的影响。

选取初始点 O，再将机器人 JOG 移到选取点上，获得该点在机器人坐标系下的坐标位置 O_0，控制传送带分别等距离移动 4 次，每次移动 150 mm，即对应的编码器变化量为

$$\Delta L_C = \frac{\Delta L_R}{\text{Factor}_C} \tag{10-17}$$

测量 5 次移动后机器人坐标下的位置：$O_1(-161.588, 199.710, -890.267)$，$O_2(-14.956, 201.710, -890.468)$，$O_3(130.944, 204.840, -890.266)$，$O_4(277.788, 207.460, -889.244)$，$O_5(423.932, 210.140, -891.460)$。通过以上两种标定方式，分别得到两组移动后的数据，由表 10-1 所示。

表 10-1　两种标定方法数据及误差

序号	本书标定方法得到的坐标			传统标定法得到的坐标			本书偏差	传统偏差
	x	y	z	x	y	z		
1	−161.588	199.710	−890.267	−161.588	199.710	−890.267	0	0
2	−13.738	202.960	−890.267	−11.588	199.710	−890.267	1.218	3.368
3	133.962	205.640	−890.267	138.412	199.710	−890.267	3.018	7.468
4	280.812	208.434	−890.267	288.412	199.710	−890.267	3.024	10.624
5	134.392	211.860	−890.267	438.412	199.710	890.267	3.448	14.480

由表 10-1 中数据可以看出，采用本书标定方法造成的偏离误差要明显小于传统标定方法造成的偏离误差，其中由实验可知，在规定的操作空间内本书标定方法最大累积偏差 3.448 mm，远远低于传统标定方法的最大累积偏差 14.480 mm，有效地提高了系统的标定精度，且标定方法简单，具有较好的实用性。

综上所述，传送带综合标定是实现矸石准确跟踪和抓取的重要基础。采用本书提出的方法对机器人进行标定可以避免机器人安装误差对抓取精度的影响，通过求得相机在机器人工作范围之外情况下相机坐标系与传送带坐标以及传送带坐标系与机器人坐标系之间精确的转换关系矩阵。实验表明，采用该标定方法可显著提高机器人抓取精度，能够达到实际煤矸分拣工程需求。

10.3　煤矸图像筛选和重复性问题

煤与矸石在传送带上经过视觉采集区拍摄的相机视场如图 10-23 所示，因此需要设计算法判别这些失真的图片信息，进行煤矸图像的筛选，使得系统自动跳过这些椭圆圈中的失真区域，而只计算方框中具有完整图像信息的区域。

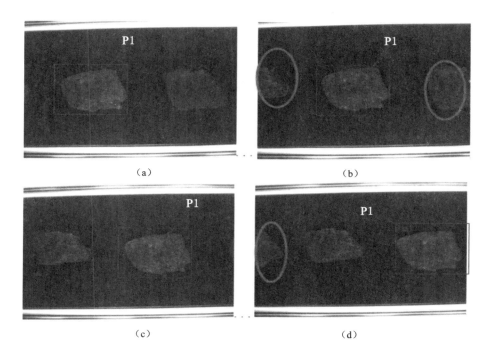

图 10-23 相机视场

本书中的分拣系统针对的是 $100\sim200$ mm 的煤和矸石,如图 10-24 所示,当选取的区域质心 $P\in[r,r+N]$ 时,选取的图像信息才能保证完整性。

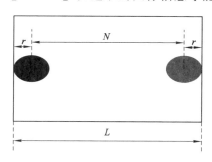

图 10-24 基于距离筛选方法

图 10-24 中 r 为煤或矸石样本的最大半径,L 为传送带运动方向的视场距离,因此,在进行区域特征值计算前,先进行质心位置筛选可以有效避免选取的煤矸信息失真,提高分拣效率。

在实际工程应用中,煤与矸石通过视觉采集系统时,来自视觉系统帧率(Frames per second,FPS)的大小取决于视场(FOV)和传送带的皮带速度 v_C。在大多数实际工程情况下,拍照的频率不宜过大以免增加系统负担,降低识别效率,因此选择合适的视觉系统更新速度,使得传送带上的每一个物体经过视觉采集区时需要被拍到 1~2 次,才能够维持整个视觉系统的稳定性。视觉系统帧率计算如下

$$\text{FPS} = \frac{v_C}{\text{FOV} - 2 \times r} \times 2 \tag{10-18}$$

式中:传送带最大运行速度 $V_C = 0.5 \text{ m/s}$;在传送带运动方向视觉系统视野尺寸 $\text{FOV} = 0.7 \text{ m}$;则将参数代入式(4-19)得

$$\text{FPS} = \left(\frac{1\,000}{700 - 2 \times 200}\right) \times 2 = 6.7 \text{ 帧/s}$$

因此视觉系统的帧率应为 7 帧/s。采用此种方式确定帧率既有效减轻了整个系统的计算压力,又避免了出现漏拍的问题。

本书煤矸分拣系统采用按时取图的方式,虽然提高了系统的分拣效率,却引入了重复物体的干扰问题,增加了算法处理的计算压力。

如图 10-23 所示,采用基于时间的图像采集方法采集的四幅图像。从图中可以看出同一块矸石 P1 在 4 张图片中出现过多次,图像系统会对每一次采集到的图片做图像处理,如果同一块矸石在几次采集中都被识别,则系统将会重复发送同一物体的位置信息给机器人。因此需要构建一个评判机制来区分这四张图片中相同的物体,这样如果新进来的位置数据被判定是已有物体的,则该数据将会被舍弃。

新数据的坐标信息为 $P(x_0, y_0, z_0, E_0)$,E_0 为传送带编码器值,通过以下公式判定该数据是否舍弃

$$\left| \sqrt{(x_i - x_0)^2 + (y_i - y_0)^2 + (z_i - z_0)^2} - (E_i - E_0) * \text{Factor}_C \right| < \Delta$$
$$i = 1, 2, 3, \cdots, n \tag{10-19}$$

式中　$i = 1, 2, 3, \cdots, n$;

　　E_i——上一次记录的编码器数值;

　　(x_i, y_i, z_i)——上一帧图片所识别到的各个矸石坐标位置信息;

　　Δ——提前设定的允许误差范围。

综上所述,通过选取合适的采集帧率和重复剔除算法有效地解决了矸石漏拍和重复拍摄的问题,提高了分拣系统的处理效率。

10.4　煤矸在线分拣实验

　　针对上述研究成果,本书模拟在实际流水线生产环境下进行煤矸在线识别分拣实验。图 10-25 所示为煤矸识别软件在线识别实验过程,煤与矸石依次通过视觉采集区域,通过识别算法选取矸石并将矸石的坐标信息通过 TCP 协议传送给目标信息数据库中。图 10-26 所示为煤矸抓取实验,并联机器人控制器控制机器人实现矸石的跟踪和抓取操作。

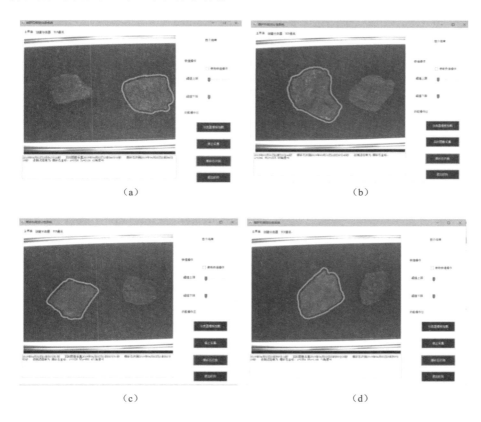

（a）　　　　　　　　　　　（b）

（c）　　　　　　　　　　　（d）

图 10-25　煤矸识别软件在线识别实验过程

　　本书将剩余的煤和矸石测试样本随机组合,得到 6 组煤矸混合测试样本组,每组样本的矸石数量不同,每组测试样本交替排列依次通过视觉采集区,图像识别测试结果如表 10-2 所示。

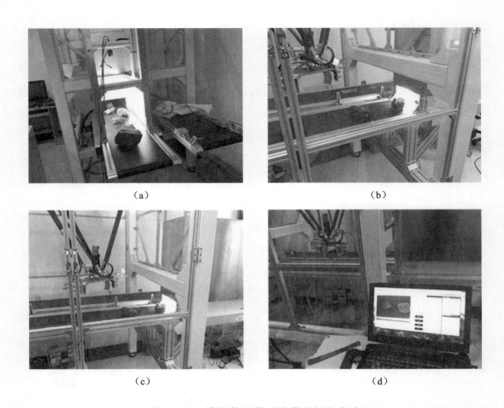

图 10-26 模拟传送带环境煤矸抓取实验

表 10-2 煤矸识别测试结果

测试样本	矸石数量/个	识别出矸石数量/个	识别率
混合样本组 1	18	17	94％
混合样本组 2	15	14	93％
混合样本组 3	16	15	94％
混合样本组 4	20	18	90％
混合样本组 5	14	14	100％

实验结果表明,采用本视觉分拣系统分拣效果良好,能满足实际矸石分拣要求。

10.5　本章小结

本章主要完成煤与矸石视觉分拣系统的软件设计。整个软件系统设计分为运动控制系统设计和图像识别定位软件系统设计两部分。运动控制系统是在KEBA公司提供的PLC开发工具KeStudio上搭建传送带跟踪功能块和视觉功能块，完成了分拣系统的运动控制系统软件设计；视觉处理系统则以煤矸图像处理算法为基础，基于halcon和C♯混合编程的方式完成了煤矸图像识别软件功能设计，采用模块化的方法完成各功能软件算法的设计，提高算法的可重复性；对煤矸分拣系统进行了系统的综合标定，改进标定方法，提高了标定精度，并在此基础上进行标定实验，验证了该标定方法的可行性。最后针对煤与矸石采集过程中出现的筛选和重复采集问题进行分析，提出了煤矸图像筛选方法和去重复物体的评判算法机制，并对图像采集频率进行了合理的设计，有效提高了整个分拣系统的处理效率。通过实验论证表明，该分拣系统初步满足煤矸在线自动分拣的要求，为实现煤矸自动分拣提供了理论和实验依据。

参 考 文 献

［1］卞振娥.机器人的位姿标定及其误差补偿[J].机器人,1991,13(1):36-43.

［2］蔡鹤皋,张超群,吴伟国.机器人实际几何参数识别与仿真[J].中国机械工程,1998,9(10):11-14.

［3］曹现刚,刘思颖,王鹏,等.面向煤矸分拣机器人的煤矸识别定位系统研究[J].煤炭科学技术,2022,50(1):237-246.

［4］曹现刚,吴旭东,王鹏,等.面向煤矸分拣机器人的多机械臂协同策略[J].煤炭学报,2019,44(S2):763-774.

［5］曹湘洪.实现我国煤化工、煤制油产业健康发展的若干思考[J].化工进展,2011,30(1):80-87.

［6］陈君杰.Delta并联机器人的误差分析与运动补偿方法研究[D].杭州:浙江工业大学,2017.

［7］陈珂,柯文德.基于粒子群算法的并联机器人输出力矩优化与仿真[J].湖南科技大学学报(自然科学版),2018,33(4):62-68.

［8］陈立,杜文华,曾志强,等.基于小波变换的煤矸石自动分选方法[J].工矿自动化,2018,44(12):60-64.

［9］陈文飞,廖斌,许雪峰,等.基于 Piecewise 直方图均衡化的图像增强方法[J].通信学报,2011,32(9):153-160.

［10］丛爽,尚伟伟.并联机器人:建模、控制优化与应用[M].北京:电子工业出版社,2010.

［11］丁希仑,周乐来,周军.机器人的空间位姿误差分析方法[J].北京航空航天大学学报,2009,35(2):241-245.

［12］冯李航,张为公,龚宗洋,等.Delta系列并联机器人研究进展与现状[J].机器人,2014,36(3):375-384.

［13］郭瑞峰,彭战奎,张文辉.混联机器人空间插值迭代补偿法研究[J].制造业自动化,2017,39(11):35-39.

［14］郭彦霞,张圆圆,程芳琴.煤矸石综合利用的产业化及其展望[J].化工学报,2014,65(7):2443-2453.

[15] 何文凯,费燕琼,陈萌.绳索牵引式并联机器人误差分析及补偿[J].机械设计与制造,2018(S2):171-174.

[16] 黄金海.背景帧间差分法的移动目标跟踪研究[J].中国仪器仪表,2019(1):62-65.

[17] 黄勉.面向拾取作业的Delta机器人工作性能与含球铰间隙的位姿误差研究[D].广州:华南理工大学,2015.

[18] 黄真,孔富令,方跃法.并联机器人机构学理论及控制[M].北京:机械工业出版社,1997.

[19] 来文豪,周孟然,胡锋,等.基于多光谱成像和改进YOLO v4的煤矸石检测[J].光学学报,2020,40(24):72-80.

[20] 李冰冰.基于粒子群算法的并联机器人位姿误差建模与补偿方法研究[D].沈阳:东北大学,2014.

[21] 李定坤,叶声华,任永杰,等.机器人定位精度标定技术的研究[J].计量学报,2007(3):224-227.

[22] 李锦,王俊平,万国挺,等.一种结合直方图均衡化和MSRCR的图像增强新算法[J].西安电子科技大学学报,2014,41(3):103-109.

[23] 李永泉,佘亚中,万一心,等.球面两自由度冗余驱动并联机器人弹性动力学分析[J].中国机械工程,2018,29(10):1179-1185.

[24] 李占贤,黄田,赵学满,等.高速并联机械手运动学标定方法[J].机械设计,2005,22(1):18-20.

[25] 刘富强,钱建生,王新红,等.基于图像处理与识别技术的煤矿矸石自动分选[J].煤炭学报,2000,25(5):534-537.

[26] 马宪民,蒋勇.煤矸石二值图像的Roberts快速边缘检测法[J].仪器仪表学报,2005,26(S1):595-597.

[27] 马宪民.煤矸石在线识别与自动分选系统的研究[J].西安科技学院学报,2003,23(1):66-68.

[28] 梅凡.三自由度并联机器人精度分析与综合[D].天津:天津理工大学,2010.

[29] 梅江平,贺莹,臧家炜,等.Delta并联机械手刚体动力学模型简化方法[J].机械科学与技术,2018,37(3):329-336.

[30] 梅莱.并联机器人[M].黄远灿,译.北京:机械工业出版社,2014.

[31] 缪协兴,钱鸣高.中国煤炭资源绿色开采研究现状与展望[J].采矿与安全工程学报,2009,26(1):1-14.

[32] 倪鹤鹏,刘亚男,张承瑞,等.基于机器视觉的Delta机器人分拣系统算法

[J].机器人,2016,38(1):49-55.

[33] 裴葆青,陈五一,王田苗.6UPS 并联机构铰链间隙误差的标定与精度分析 [J].机械设计与研究,2006,22(4):35-38.

[34] 秦钟,杨建国,王海默,等.基于 Retinex 理论的低照度下输电线路图像增强方法及应用[J].电力系统保护与控制,2021,49(3):150-157.

[35] 石焕,程宏志,刘万超.我国选煤技术现状及发展趋势[J].煤炭科学技术, 2016,44(6):169-174.

[36] 孙海龙,田威,焦嘉琛,等.基于关节反馈的机器人多向重复定位误差补偿 [J].机械制造与自动化,2019,48(1):164-167.

[37] 谭春超.基于图像处理技术的煤矸识别与分选技术研究[D].太原:太原理工大学,2017.

[38] 谭宇璇,樊绍胜.基于图像增强与深度学习的变电设备红外热像识别方法 [J].中国电机工程学报,2021,41(23):7990-7998.

[39] 唐守锋,史可,仝光明,等.一种矿井低照度图像增强算法[J].工矿自动化, 2021,47(10):32-36.

[40] 王春智,牛宏侠.基于直方图均衡化与 MSRCR 的沙尘降质图像增强算法 [J].计算机工程,2022,48(9):223-229.

[41] 王耿华.考虑动力学特性的 Delta 机构运动可靠性分析与仿真[D].沈阳: 东北大学,2010.

[42] 王海芳,张恒,皇甫一樊,等.码垛机器人运动精度可靠性及其灵敏度分析 [J].中国工程机械学报,2016,14(6):475-480.

[43] 王家臣,李良晖,杨胜利.不同照度下煤矸图像灰度及纹理特征提取的实验研究[J].煤炭学报,2018,43(11):3051-3061.

[44] 王鹏,曹现刚,马宏伟,等.基于余弦定理-PID 的煤矸石分拣机器人动态目标稳准抓取算法[J].煤炭学报,2020,45(12):4240-4247.

[45] 王一,刘常杰,任永杰,等.工业坐标测量机器人定位误差补偿技术[J].机械工程学报,2011,47(15):31-36.

[46] 王永富,柴天佑.自适应模糊控制理论的研究综述[J].控制工程,2006,13 (3):193-198.

[47] 王振翀,任守政.跳汰分层过程计算机模拟研究[J].中国矿业大学学报, 2000,29(4):388-391.

[48] 王征,马宪民.基于分数阶微分自适应算法的煤尘图像滤噪[J].工矿自动化,2014,40(8):43-46.

[49] 吴成茂.直方图均衡化的数学模型研究[J].电子学报,2013,41(3):

598-602.

[50] 武瑛.形态学图像处理的应用[J].计算机与现代化,2013(5):90-94.

[51] 奚陶.工业机器人运动学标定与误差补偿研究[D].武汉:华中科技大学,2012.

[52] 夏晶,张昊,周世宁,等.煤矸分拣机器人动态拣取避障路径规划[J].煤炭学报,2021,46(S1):570-577.

[53] 谢平,杜义浩,田培涛,等.一种并联机器人误差综合补偿方法[J].机械工程学报,2012,48(9):43-49.

[54] 徐东涛,孙志礼.基于 Monte Carlo 法的改进型 Delta 并联机构运动可靠性分析[J].机械设计与制造,2016(10):167-169.

[55] 徐志强,吕子奇,王卫东,等.煤矸智能分选的机器视觉识别方法与优化[J].煤炭学报,2020,45(6):2207-2216.

[56] 杨强,孙志礼,闫明,等.改进 Delta 并联机构运动可靠性分析[J].航空学报,2008,29(2):487-491.

[57] 杨强,孙志礼,闫明,等.一种新型并联机构位姿误差建模及灵敏度分析[J].中国机械工程,2008,19(14):1649-1653.

[58] 殷盛江,于复生,孙中国,等.Delta 机器人的误差分析[J].机床与液压,2015,43(3):4-7.

[59] 余跃庆,田浩.运动副间隙引起的并联机器人误差及其补偿[J].光学 精密工程,2015,23(5):1331-1339.

[60] 袁华昕.基于 X 射线图像的煤矸石智能分选控制系统研究[D].沈阳:东北大学,2014.

[61] 张晨.煤矸光电密度识别及自动分选系统的研究[D].北京:中国矿业大学(北京),2013.

[62] 张立亚,郝博南,孟庆勇,等.基于 HSV 空间改进融合 Retinex 算法的井下图像增强方法[J].煤炭学报,2020,45(S1):532-540.

[63] 张宁波.综放开采煤矸自然射线辐射规律及识别研究[D].徐州:中国矿业大学,2015.

[64] 张荣曾,韦鲁滨,付晓恒.跳汰机中脉动水流流体动力学研究[J].煤炭学报,2002,27(6):644-648.

[65] 张文昌.Delta 高速并联机器人视觉控制技术及视觉标定技术研究[D].天津:天津大学,2012.

[66] 张文耀,蒋凌霜.基于 HSV 颜色模型的二维流场可视化[J].北京理工大学学报,2010,30(3):302-306.

［67］张宪民,刘晗.3-RRR 并联机器人含间隙的运动学标定及误差补偿［J］.华南理工大学学报(自然科学版),2014,42(7):97-103.

［68］张英坤.Delta 并联机器人的研究进展［J］.机床与液压,2016,44(21):16-20.

［69］赵杰,朱延河,蔡鹤皋.Delta 型并联机器人运动学正解几何解法［J］.哈尔滨工业大学学报,2003,35(1):25-27.

［70］郑欢.中国煤炭产量峰值与煤炭资源可持续利用问题研究［D］.成都:西南财经大学,2014.

［71］郑坤明,张秋菊.基于弹性动力学模型与遗传算法的 Delta 机器人模糊 PID 控制［J］.计算机集成制造系统,2016,22(7):1707-1716.

［72］智宁,毛善君,李梅,等.基于深度融合网络的煤矿图像尘雾清晰化算法［J］.煤炭学报,2019,44(2):655-666.

［73］智宁,毛善君,李梅.基于照度调整的矿井非均匀照度视频图像增强算法［J］.煤炭学报,2017,42(8):2190-2197.

［74］朱菊华,杨新,李俊.一种改进的自适应保细节中值滤波算法［J］.计算机工程与应用,2001,37(3):93-95.

［75］BAHLMANN C,HAASDONK B,BURKHARDT H. Online. handwriting-grecognitiowith support vector machines-a kernel approach. In Frontiers in handwritingrecognition,2002. proceedings. eighth international workshop on (pp. 49-54). IEEE.

［76］BROGARDH T. Present and future robot control development:an industrial perspective［J］. Annual reviews in control,2006,31(1):69-79.

［77］BROGÅRDH T. Present and future robot control development:an industrial perspective［J］. Annual reviews in control,2007,31(1):69-79.

［78］CAI Y,GAO F,LIU Z N. Neural network compensation method for path tracking control of a spherical mobile robot［J］. Applied mechanics and materials,2014,635/636/637:1325-1328.

［79］CASTAÑEDA L A,LUVIANO-JUÁREZ A,CHAIREZ I. Robust trajectory tracking of a delta robot through adaptive active disturbance rejection control［J］. IEEE transactions on control systems technology,2015,23(4):1387-1398.

［80］CHANG P,WANG J S,LI T M,et al. Step kinematic calibration of a 3-DOF planar parallel kinematic machine tool［J］. Science in China Series E:technological sciences,2008,51(12):2165-2177.

［81］ CHEN G L,WANG H,LIN Z Q. A unified approach to the accuracy anal-
ysis of planar parallel manipulators both with input uncertainties and
joint clearance[J]. Mechanism and machine theory,2013,64:1-17.

［82］ CHEN Y Z,XIE F G,LIU X J,et al. Error modeling and sensitivity analy-
sis of a parallel robot with SCARA(selective compliance assembly robot
arm) motions[J]. Chinese journal of mechanical engineering,2014,27(4):
693-702.

［83］ CHOUAIBI Y,CHEBBI A,AFFI Z,et al. Analytical modeling and analy-
sis of the clearance induced orientation error of the RAF translational
parallel manipulator[J]. Robotica,2014,34(8):1898-1921.

［84］ CUI H L,ZHU Z Q,GAN Z X,et al. Kinematic analysis and error model-
ing of TAU parallel robot[J]. Robotics and computer-integrated manu-
facturing,2005,21(6): 497-505.

［85］ FENG G. A survey on analysis and design of model-based fuzzy control
systems[J]. IEEE transactions on fuzzy systems,2006,14(5):676-697.

［86］ FRISOLI A,SOLAZZI M,PELLEGRINETTI D,et al. A new screw theo-
ry method for the estimation of position accuracy in spatial parallel ma-
nipulators with revolute joint clearances[J]. Mechanism and machine the-
ory,2011,46(12):1929-1949.

［87］ HE K M,SUN J,TANG X O. Guided image filtering[J]. IEEE transactions on
pattern analysis and machine intelligence,2013,35(6):1397-1409.

［88］ HUANG T,LIU H T,CHETWYND D G. Generalized Jacobian analysis
of lower mobility manipulators[J]. Mechanism and machine theory,2011,
46(6):831-844.

［89］ JI W,QIAN Z J,XU B,et al. A nighttime image enhancement method
based on Retinex and guided filter for object recognition of apple harves-
ting robot[J]. International journal of advanced robotic systems,2018,15
(1):172988141775387.

［90］ LIU H J,SUN X K,HAN H,et al. Low-light video image enhancement
based on multiscale Retinex-like algorithm［C］//2016 Chinese Control
and Decision Conference (CCDC). Yinchuan,China. IEEE,:3712-3715.

［91］ MOHAN S. Error analysis and control scheme for the error correction in
trajectory-tracking of a planar 2PRP-PPR parallel manipulator ［J］.
Mechatronics,2017,46:70-83.

[92] REDDY K G R, TRIPATHY D P. Separation of gangue from coal based on histogram thresholding[J]. International journal of technology enhancement and emerging engineering research, 2013, 1(4): 31-34.

[93] SHANG D Y, LI Y, LIU Y, et al. Research on the motion error analysis and compensation strategy of the delta robot[J]. Mathematics, 2019, 7 (5): 411.

[94] SHIH S W, HUNG Y P, LIN W S. Efficient and accurate camera calibration technique for 3-D computer vision[C]//Proc SPIE 1614, Optics, Illumination, and Image Sensing for Machine Vision VI, 1992, 1614: 133-145.

[95] SONG X R, WANG F J. Research on coal gangue on-line automatic separation system based on the improved BP algorithm and ARM[C]//2007 International conference on machine learning and cybernetics. Hong Kong, China. IEEE: 2897-2900.

[96] STEWART D. A platform with six degrees of freedom[J]. Proceedings of the institution of mechanical engineers, 1965, 180(1): 371-386.

[97] TAN D P, JI S M, JIN M S. Intelligent computer-aided instruction modeling and a method to optimize study strategies for parallel robot instruction[J]. IEEE transactions on education, 2013, 56(3): 268-273.

[98] TRIPATHY D P, REDDY K G R. Multispectral and joint colour-texture feature extraction for ore-gangue separation[J]. Pattern recognition and image analysis, 2017, 27(2): 338-348.

[99] VISCHER P, CLAVEL R. Kinematic calibration of the parallel Delta robot[J]. Robotica, 1998, 16(2): 207-218.

[100] WANG F J, ZHANG B J, ZHANG C P, et al. Low-light image joint enhancement optimization algorithm based on frame accumulation and multi-scale Retinex[J]. Ad hoc networks, 2021, 113: 102398.

[101] YU DAYONG. Parallel robots pose accuracy compensation using back propagation network[J]. International journal of the physical science, 2011, 6(21): 5005-5011.

[102] ZHANG Z. A flexible new technique for camera calibration[J]. IEEE transactions on pattern analysis and machine intelligence, 2000, 22(11): 1330-1334.

[103] ZHAO R Y, WU L L, CHEN Y H. Robust control for nonlinear delta parallel robot with uncertainty: an online estimation approach[J]. IEEE

access,8:97604-97617.

[104] ZHENG K H,DU C L,LI J P,et al. Underground pneumatic separation of coal and gangue with large size (≥50 mm) in green mining based on the machine vision system[J]. Powder technology,2015,278:223-233.

[105] ZHUANG Y J,LIANG L,XU D Q. A modified retinex algorithm for visualization of high dynamic range images[C]//Proceedings of the 2nd International Conference on Vision,Image and Signal Processing. Las Vegas NV USA. New York,NY,USA:ACM,2018:1-6.